EuroNatur Reiseführer

Adria-Ostküste

Vögel beobachten und Natur erleben in historischen Landschaften am Mittelmeer

Martin Schneider-Jacoby & Borut Stumberger

unter Mitwirkung von:
Sajmir Beqiraj, Dritan Dhora (Albanien)
Dražen Kotrošan, Dejan Kulijer (Bosnien-Herzegowina)
Ulrich Zeidler (Dänemark)
Ursula Loos (Deutschland)
Ivan Budinski, Gordan Lukač, Tibor Mikuska, (Kroatien)
Darko Saveljić, Ondrej Vizi, Nela Vrešović Dubak (Montenegro)
Peter Sackl (Österreich)
Andrej Sovinc, Iztok Geister, Nataša Šalaja, Iztok Škornik (Slowenien)

Inhaltsverzeichnis

Inhaltsverzeichnis

Inhaltsverzeichnis

Inhaltsverzeichnis

Vorstellung der Autoren

Bild: J. Mahrholdt

Dr. Martin Schneider-Jacoby (links im Bild)

Dr. Martin Schneider-Jacoby ist 1956 in Cuxhaven geboren und wurde schon in seiner Kindheit durch seinen Vater Horst Schneider in die Vogelkunde eingeführt. Bereits seit 1971 arbeitet er für den Vogelschutz im Wollmatinger Ried am Bodensee, wo er bis heute ehrenamtlich für den NABU (Naturschutzbund Deutschland e.V.) tätig ist. Die Adria-Ostküste kennt er aus seiner Studienzeit und danach von zahlreichen Urlaubs- und Arbeitsaufenthalten.

Während der Aufbauphase der Stiftung Europäisches Naturerbe lebte Martin Schneider-Jacoby von 1986 bis 1988 in Kroatien, damals noch Teil Jugoslawiens, und untersuchte dort Vögel als Naturschutzindikatoren in den Save-Auen. Über dieses Thema schrieb er auch seine Doktorarbeit am Max-Planck Institut für Ornithologie / Vogelwarte Radolfzell und reichte sie an der Universität Konstanz ein. Seit 1989 ist Martin Schneider-Jacoby als Projektleiter bei der EuroNatur Stiftung angestellt und betreut seither für sie Projekte in Ost- und Südosteuropa.

Seit 2002 engagiert sich Martin Schneider-Jacoby in seiner Eigenschaft als Projektleiter von EuroNatur verstärkt für den Schutz der Zugvögel an der Adria, nachdem die Gefährdung der einmaligen Vogelrastgebiete an dieser wichtigen Zugstrecke immer deutlicher geworden ist. Bei den Schutzbemühungen steht für ihn neben dem Naturerhalt immer auch der Wert der Naturgebiete für den Menschen und die Regionalentwicklung im Mittelpunkt seiner Arbeit.

Borut Stumberger, Dr. vet. med. (rechts im Bild)

Borut Stumberger, Jahrgang 1964, ist in Ptuj in Slowenien (Pettau) geboren und lebt bis heute in der Nähe an der Drau. Seit seiner Jugend ist er begeisterter Vogelkundler. Nach seiner Berufsausbildung zum Tierarzt begann er in den Jahren 1991 bis 2001 mit dem Aufbau von BirdLife Slowenien und arbeitet seither aktiv als selbstständiger Naturschutzexperte in verschiedenen Naturschutzprogrammen. Bereits seit 1992 besteht ein enger Kontakt mit EuroNatur durch das von der Stiftung geförderte Projekt „Cerknicer See". In den folgenden Jahren engagierte er sich vor allem für das grenzüberschreitende Biosphärenreservat Donau-Drau-Mur.

Die Adria-Ostküste ist Borut Stumberger seit seiner Kindheit aus Urlaubsaufenthalten, wissenschaftlichen Exkursionen und dem Wehrdienst auf einem jugoslawischen Kriegsschiff bekannt. Auch leitete er mehrfach internationale vogelkundliche Reisen in dieser Region. Seit 2002 unterstützt er die Arbeit von EuroNatur als Regionalkoordinator für das Zugvogelschutzprojekt „Adriatic Flyway". Hierbei war er für die Vogelbestandsaufnahmen in den wichtigsten Gebieten und die Erstellung von Schutzkonzepten verantwortlich. Durch seine tierärztliche Ausbildung bringt er außerdem umfangreiche Kenntnisse über alte Haustierrassen in die Projektarbeit von EuroNatur ein, bei der nachhaltige landwirtschaftliche Nutzungen und die Erhaltung der europäischen Kulturlandschaften mit ihren angepassten Wirtschaftsweisen eine wichtige Rolle spielen.

Vorwort

Die Adriaküste - von Slowenien über Kroatien und Bosnien bis nach Montenegro und Albanien - ist eine Urlaubslandschaft von großer Schönheit und gleichzeitig herausragender Bedeutung für den Naturschutz in Europa. In der Öffentlichkeitsarbeit der Länder wird mit Slogans wie „wild beauty" (Montenegro) und „das Mittelmeer – wie es einst war" (Kroatien) um Touristen geworben und so die intakte Natur und die attraktive Kulturlandschaft mit ihren Menschen und Traditionen in den Mittelpunkt gestellt. Doch fehlt es noch an den nötigen Informationen, um all die vielen verborgenen Schätze auch zu finden. Das vorliegende Büchlein möchte diese Lücke schließen helfen und lädt dazu ein, die Adria-Ostküste näher kennen zu lernen und sich vor allem im Frühjahr und Herbst an der abwechslungsreichen Landschaft, den zahlreichen Tieren und Pflanzen und nicht zuletzt auch an den interessanten Kulturdenkmälern zu erfreuen.

Für Vogelfreunde sind die Küstenlandschaften an der östlichen Adria ein wahres Eldorado, denn Vögel kommen hier in erstaunlich großer Anzahl und Vielfalt vor. Hier befinden sich nicht nur wichtige Brutgebiete (oft von Arten, die anderswo in Europa kaum noch vorkommen), sondern auch Rastplätze, auf die riesige Scharen von Zugvögeln auf ihren Kräfte zehrenden Langstrecken über Berge und Meere dringend angewiesen sind. Deshalb haben wir in diesem Büchlein die Möglichkeiten zur Vogelbeobachtung in den Vordergrund gestellt. Nicht zuletzt möchten wir dazu beitragen, in internationalen Ornithologenkreisen Aufmerksamkeit für die Vogelvorkommen an der östlichen Adriaküste und deren vielerorts noch sehr mangelhaften Schutz zu wecken. Überhaupt wäre eine starke Zunahme der Vogelbeobachter hilfreich, um einen besseren Schutz der Vögel und ihrer Lebensräume zu erreichen.

Vogelfreunde sind wichtig für die Naturerhaltung. Je mehr kommen, desto mehr Geld bringen sie ins Land, und desto eher werden die Menschen und Behörden in den betreffenden Regionen ein Interesse an dieser Art von Besuchern und an dem, was sie herzieht, entwickeln. Dies fördert die Bereitschaft, Schutzgebiete und jagdfreie Zonen auszuweisen und für deren Umsetzung vom Papier in die Praxis zu sorgen.

Trotz alledem muss man kein eingefleischter Vogelfan sein, um von diesem Naturreiseführer zu profitieren, weil er sich genauso auch an alle anderen Menschen richtet, die Sinn für die Natur und einfach Freude an ihr haben. Tatsächlich können sie mit Hilfe dieses Büchleins lohnende Entdeckungen machen.

Während viele Gegenden am Mittelmeer inzwischen als hervorragende Ziele für Naturreisen bekannt sind, fehlt es bis heute an entsprechenden Informationen für die Ostküste der Adria. Ein Grund dafür ist sicher der Mangel an gut ausgestatteten Naturschutzgebieten in fast allen dortigen Ländern mit Ausnahme von Slowenien und vielleicht noch dem Naturpark Vransko Jezero oder dem Nationalpark Paklenica in Kroatien. Deshalb bemerken die Besucher während eines Badeurlaubs meist nicht die reiche Natur, die sich ihnen bietet, oder sie kommen überhaupt nur im Hochsommer und verpassen so den für Naturbeobachtung hochinteressanten Frühling bzw. den ruhigen Herbst mit seinen wundervollen Farben und dem immer noch warmen Wasser.

Bild: M. Schneider-Jacoby

Wanderweg auf Krk bei Stara Baška.

Unter dem Begriff „Naturtourismus" wird in den Ländern der Adria-Ostküste oft auch nur Aktivsport, häufig mit viel Rummel und Show verbunden, vermarktet. Solchermaßen angeboten werden Rafting, „Cheeping" mit Geländewagen und Geländefahrten, Kitesurfing, Paragliding oder sogar Vogeljagd. Dabei hat die großartige, Landschaft mit ihren Naturerlebnismöglichkeiten, ihrer Ruhe, den beschilderten Wander- und Fahrradwegen sowie ihrer alten Kultur viel mehr zu bieten. Gerade solche Entdeckungs- und Erholungsmöglichkeiten weiß die Mehrheit der Gäste aber zu schätzen, wie etwa Erfahrungen von der Insel Lošinj zeigen, wo fast alle Besucher gleich im ersten Jahr den neu markierten Wanderweg auf die Orsošica erklommen haben, um den herrlichen Ausblick von oben zu genießen.

Dieser Naturreiseführer soll also helfen, die vielen schönen Gebiete und Naturreiseziele an der Adria-Ostküste bekannter zu machen und den richtig verstandenen Naturtourismus entlang der Küste von Slowenien über Kroatien und Bosnien bis nach Montenegro und Albanien zu beleben. Die Reise lohnt sich in jedem Fall. Sie werden herrliche Landschaften mit einer interessanten Tier- und Pflanzenwelt vorfinden, aber auch nette Menschen und gutes Essen und manche kulturhistorische Sehenswürdigkeit. Auch Vögeln aus Ihrer Heimat werden Sie begegnen, denn ein beträchtlicher Teil der in Mitteleuropa brütenden Zugvögel zieht zwei Mal im Jahr über die Adria und ist dabei auf die Rastplätze entlang der Küste angewiesen, um die Energiereserven aufzutanken. Das Beobachten dieser Vögel kann auch ein erholsamer und bereichernder Teil Ihres Urlaubs sein. Und Ihr Besuch wird helfen, die Adria-Zugroute für unsere Zugvögel sicher zu machen.

Wir wünschen Ihnen einen erlebnisreichen und erholsamen Urlaub, wozu wir mit unseren Anregungen und Tipps beitragen möchten.

Karstquelle im Naturpark Hutovo Blato.

Bild: M. Schneider-Jacoby

Bild: M. Schneider-Jacoby / **Livanjsko Polje**

Der Naturraum im Überblick

Ein Meer entsteht

In seinem großartigen Buch „Das Erste Eden ... oder das verschenkte Paradies" beschreibt David Attenborough die Geburt des Mittelmeeres.

Vor 5,3 Millionen Jahren brach die Landbrücke zwischen Afrika und der Iberischen Halbinsel, da sich gewaltige Risse im Boden des damals ausgetrockneten Mittelmeerbeckens gebildet hatten. Über einen 3.000 m tiefen Wasserfall donnerte das Meerwasser des Atlantiks in die Senke, und innerhalb nur eines Jahrhunderts füllte sich das Becken wieder mit Wasser. Bei keinem Meer oder anderer geologischen Großform der Welt ist eine so präzise Geburt wie beim Mittelmeer auszumachen.

Während der Zeit, als das Mittelmeerbecken trocken war, hatten sich an den tiefsten Stellen bis zu 150 m dicke Salzlager gebildet. Die heutige Adria aber war ein weites Tal, in dem der Po mit seinen Nebenflüssen Neretva, Bojana-Buna und Drin in die mehrere tausend Meter tiefer gelegenen Teile des Beckens strömte, wo das Wasser verdampfte und zu Salz kristallisierte. All diese ungeheuren Veränderungen der Landschaft können durch die Kontinentaldrift, die Verschiebung der Kontinente auf der Erdkruste, erklärt werden.

Gehen wir noch weiter zurück in die Erdgeschichte: Vor 67 Millionen Jahren hatte Afrika - damals noch mit Arabien verbunden – begonnen, auf Eurasien zuzuwandern. Dazwischen lag das vor 200 Millionen Jahren entstandene Tethysmeer. Dieser gigantische Vorfahre des Mittelmeers wurde nun schmaler und schmaler. Der enorme Druck der sich zusammenschiebenden Landmassen schob die Sedimente auf dem Meeresboden zwischen den Kontinenten empor. So bildeten sich vor 40 Millionen Jahren die Alpen. Allmählich verlangsamte sich das Vorrücken der afrikanischen Kontinentalplatte und das vergleichsweise nur noch kleine Becken in der Grundform unseres heutigen Mittelmeeres bildete sich heraus.

Vom Leben in den großen Flachwasserzonen des einst riesigen Tethysmeers zeugen noch heute zahlreiche Versteinerungen in Kalkfelsen. Großforaminiferen, wie sie zum Beispiel auf der kroatischen Insel Krk oft zu sehen sind, kommen heute sonst nur im indopazifischen Raum vor. Im warmen Tethysmeer waren sie sedimentbildend und produzierten große Mengen Karbonat.

Bild: M. Schneider-Jacoby

Foraminiferen-Versteinerungen am Wanderweg auf Krk.

Unter dem gewaltigen Druck der Kontinentaldrift wellte sich der Meeresboden. Auch heute noch ist das Mittelmeer von bis zu 5.100 m tiefen Gräben in der Erdkruste durchzogen, während sich die Berge rundherum bis 4.000 m hoch aufwölben. Die Sedimente aus den zahlreichen Schichten wurden gepresst und verworfen. Durch diese Verwerfungen und Verdriftungen gleicht die Erdkruste im Mittelmeer einem Puzzle. Besonders interessant ist die Adria - eine große Bucht mit geringer Wassertiefe und einer besonderen Entstehungsgeschichte. Wir verdanken diesen wunderschönen Teil des heutigen Mittelmeers einem abgesplitterten Sporn der Kontinentalplatte Afrikas, der verhindert, dass Italien und die Balkanhalbinsel zusammenschoben werden. Aber an den Rändern dieser Adria-Mikroplatte (im Vergleich zu den riesigen Kontinentalplatten) schieben die ungeheuren Kräfte die Alpen, den Apennin und das Dinarische Gebirge noch heute weiter in die Höhe. Die Erdbeben, die bis in die jüngste Zeit immer wieder zu großen Verwüstungen in Italien oder auf dem Balkan führen, sind ein klares Anzeichen solcher Bewegungen in der Erdkruste, die um die Adria wirken. Zur Adria-Mikroplatte gehören neben dem Meeresboden der Adria auch Teile Siziliens bei Ragusa und Berge auf dem italienischen Festland bei Ancona und in Apulien.

Auch heute noch verdunstet im Mittelmeer mehr Wasser als durch die Flüsse zufließt. Nur der Zustrom aus dem Atlantik durch die Meerenge bei Gibraltar verhindert, dass das Mittelmeer nicht wieder wie vor 5,3 Millionen Jahren austrocknet und zum Salzsee wird. Deshalb ist hier auch der Salzgehalt höher als im Atlantik. Tatsächlich zirkuliert durch das Mittelmeer eine ständige Strömung im Gegenuhrzeigersinn - ein Segen für die östliche Adriaküste, denn sie wird so ständig aus Süden mit frischem Meereswasser versorgt.

Bucht mit klarem Wasser auf Cres.

Bild: M. Schneider-Jacoby

Doch auch nach der Entstehung des heutigen Mittelmeeres blieb der Wasserstand nicht konstant. In den Eiszeiten fiel er immer wieder, da große Wassermassen in den Gletschern gebunden waren. Vor 18.000 Jahren (Würm-Eiszeit) lag der Meeresspiegel zum Beispiel bis zu 116 - 126 m niedriger als heute. In frühgeschichtlichen Zeiten waren viele Inseln über lange Zeiträume mit dem Festland verbunden, so dass Menschen und Tiere frei zu- und abwandern konnten. Wichtige archäologische Funde liegen deshalb heute im Mittelmeer unter dem Meeresspiegel. Ebenso ist die große Zahl der Reptilien auf den Adria-Inseln durch diese zeitweise niedrigen Meereswasserstände zu erklären.

"Ertrunkene" Quellen und Höhlensysteme unter dem Meeresspiegel

Nicht selten erschrickt der Badende in der Adria, wenn er in einer schönen Bucht plötzlich auf kaltes Wasser trifft. Süßwasser aus den weiten Höhlensystemen der Dinariden, aber auch aus den verkarsteten Hügeln der Inseln tritt an vielen Stellen aus dem Meeresboden aus und vermischt sich mit dem im Sommer wärmeren Salzwasser. „Vrulje" nennen die Kroaten solche Stellen, die bei ruhiger See ohne Wind auf der Meeresoberfläche oft gut zu sehen sind. Diese besonderen Quellen sind Öffnungen „ertrunkener" Höhlensysteme unter dem Meeresspiegel, durch die Regenwasser oder auch ganze Flüsse unterirdisch ins Meer münden. Entstanden sind sie in der Eiszeit oder früher, als der Meeresspiegel deutlich niedriger war als heute und entsprechend auch die Grundwasserströme tiefer ins Meer mündeten. Süßwasser hat, auch wenn es deutlich kälter ist, eine geringere Dichte als Salzwasser und schwimmt daher oben auf. Wer hier badet, spürt diese Temperaturunterschiede. Und beim Tauchen kann man die Schlieren sehen, wenn sich die verschiedenen Phasen von salzigem und süßem bzw. warmem und kaltem Wasser vermischen.

Viele wichtige Städte, aber auch kleinere Orte entlang der Adria wurden an solchen Quellen erbaut, da diese eine ständige Süßwasserversorgung auch in den heißen Sommern oder während einer Belagerung gewährleisteten. In Kotor quillt zum Beispiel direkt an der Stadtmauer ein Fluss mit Frischwasser aus den Felsen. In Städtchen wie Krk oder Bakar beeindrucken die öffentlichen Waschanlagen, wo die Frauen noch vor wenigen Jahrzehnten ihre Wäsche in dem klaren Karstwasser spülten.

Bild: M. Schneider-Jacoby

Bei Brela vor der kroatischen Küste sprudeln mehrere „Vrulje".

Flüsse als Höhlenbauer im Karst

Nur wenige Flüsse münden an der östlichen Adriaküste ins Meer. Wunderschöne Beispiele sind die Krka (durch den gleichnamigen Nationalpark eine der großen Tourismusattraktionen), die Zrmanja im Naturpark Velebit, die Cetina bei Omiš, die Neretva mit ihrem Delta und die aus dem Skutari-See kommende Bojana-Buna. In Albanien, wo die geologischen Verhältnisse anders sind, erreichen mehr Flüsse das Meer. Dadurch entstand hier auch eine andere Form der Küste: Nicht felsige Strände, sondern weite, flache Delten mit Lagunen, Nehrungen und Sanddünen dominieren das Bild.

Durch die Verkarstung des Dinarischen Gebirges versickert das meiste Wasser in den Spalten und Klüften des Hinterlandes der Adria. Der Untergrund enthält riesige Hohlräume mit vielen Karstflüssen, deren Größe und Vielfalt wir uns kaum vorstellen können. Allein in Kroatien sind 206 Höhlen wissenschaftlich erfasst, und auf 7.000 wird in diesem Land ihre Gesamtzahl geschätzt. In Slowenien stehen sogar schon 10.000 im Kataster, und jedes Jahr kommen neue hinzu.

Um sich ein Bild von den gewaltigen, von eigenartigen Tieren belebten Hohlräumen im Untergrund zu machen, lohnt sich ein Besuch in einer der Höhlen, die für Besucher geöffnet sind. Wohl die bekannteste ist die Adelsberger Grotte bei Postojna (Slowenien). Beeindruckender ist aber das Beispiel des Flusses Reka (der slowenische Name bedeutet einfach nur „Fluss") auf seinem Abschnitt in den Höhlen von Škocjan nahe der Adriaküste. Die Reka entspringt am Fuße des Snežnik-Gebirges nahe der kroatischen Grenze und fließt zunächst ca. 55 km - ganz normal - oberirdisch. Wo sie jedoch die Karstlandschaft Kras durchfließt, vertieft sich ihr Flussbett durch Korrosion, weil das Regenwasser den Kalkstein auflöst. Plötzlich verschwindet der ganze Fluss in einem Schluckloch (Ponor) und fließt von nun an unsichtbar in einer Höhle weiter. Doch bereits ca. 200 m unterhalb des gewaltigen Ponors stürzte vermutlich schon im Jung-Pleistozän, also vor mehreren 100.000 Jahren, die Decke über der Höhle teilweise ein. Die beiden Naturbrücken über die Reka sind also noch Überreste der ursprünglichen Höhlendecke. Über der Höhle liegt das Dorf Škocjan auf einer der beiden Naturbrücken hoch über der Reka.

Der Besucher hat heute die einmalige Gelegenheit, durch die Höhlen der Reka am Fluss entlang zu wandern. Der Regionalpark „Škocjanske jame" (Höhlen von Škocjan) ist als Weltnaturerbe durch die UNESCO anerkannt; er liegt nur 34 km von Koper entfernt in Richtung Ljubljana. Die Reka erscheint erst wieder in Italien im Quelltopf „Foce del Timoavo" an der Oberfläche, wo sie dann Timoavo heißt, strömt dann durch Montfalcone und mündet in den „Golfo di Panzano" nahe Dino bei Triest. Der unterirdische Verlauf dieses Flusses, der noch viel mehr Grundwasser aufnimmt, ist bis heute weitgehend unbekannt.

Weitere Höhlen entlang der Küste

Die Barać-Höhle (Kroatisch: Baraćeve špilje) liegt ungefähr sechs Kilometer östlich des Ortes Rakovica in der Nähe des Plitvice-Nationalparks an der alten Nationalstraße in Richtung Zagreb. Diese Karsthöhle gliedert sich wie auch viele andere Höhlen in mehrere Teile. In der unteren Höhle fließt noch Wasser. Dort verschwindet das Flüsschen Suvaja in einem Schluckloch, um dann 200 m später wieder an der Erdoberfläche herauszukommen. Die alten, höher gelegenen Bereiche der Höhle sind aber trocken und wurden bereits 1892 teilweise für Besucher zugänglich gemacht, gerieten allerdings um 1920 wieder in Vergessenheit. Doch seit 2004 kann man die ersten 200 m der 520 m langen oberen Höhle im Rahmen einer Führung wieder besichtigen.

Bild: M. Schneider-Jacoby

Barać-Höhle - Karsthöhle mit Besuchern.

Der Besuch der Cerovac-Höhle (Cerovačke špilje), 3,5 km nach der Kreuzung Grahovo in Richtung Senj, ist eines der besonders interessanten Angebote im Naturpark Velebit. Diese Höhle wird oft als die schönste in Kroatien bezeichnet. Auch sie besteht heute aus drei Horizonten, da sich das Wasser immer wieder in tiefere Schichten verlagert hat. Die Besucher können in der mittleren und oberen Höhle 700 m weit in den Berg eindringen. Die Temperatur unter der Erde beträgt hier oben im Velebit-Gebirge nur zwischen 5 und 11 °C.

Sogar auf den Inseln gibt es kleinere Höhlen, die zeigen, dass auch dort der Untergrund verkarstet ist. Die Tropfsteinhöhle Biserujka auf Krk etwa ist ein gutes Beispiel. „Biser" bedeutet Schmuck und die Legende besagt, dass Piraten und Schmuggler einst ihre Schätze in dieser Höhle versteckten. Auffallend ist hier der große Temperaturunterschied: außen ist es im Sommer heiß, doch in der Höhle erreicht die Temperatur nur 10 bis 13 °C.

Alleine im Paklenica-Nationalpark sind 70 Höhlen bekannt. Die „Manita pećina", die für Gäste geöffnet ist (175 m der Höhle sind begebhar), weist zwei sehr schöne Räume mit Stalagmiten und Stalaktiten auf. Ihr Eingang liegt 570 m über dem Meer. Die Eingänge vor allem größerer Höhlen sind interessant, da mehrere Vogelarten in diesem Bereich brüten - so etwa der Alpensegler (Apus melba) oder die Felsenschwalbe (Hirundo rupestris). Besonders auch Eulen suchen gerne die Höhlen auf; man fand dort Reste ihrer Nahrung, die zu wichtigen fossilen Kleinsäuger-Funden wurden.

Bild: P. Sackl

Felsenschwalbe.

Naturraum

Felsentauben (Columba livia) und Alpendohlen (Pyrrhocorax graculus) brüten mit Vorliebe in Karsttrichtern und -schächten. Vor allem die Alpendohle sucht solche Brutplätze, die noch während der Brutzeit mit Schnee aufgefüllt sein können.

Die „Pećina Vjetrenica" bei Trebinje (Bosnien-Herzegowina) liegt im Einzugsgebiet des Neretva-Deltas und im Hinterland von Dubrovnik. Sie ist für Besucher geöffnet. Übersetzt bedeutet ihr Name etwa „windige Höhle" (durch Temperaturunterschiede zwischen den großen Hohlräumen unter der Erde und der Umgebung können in der Höhle starke Luftströmungen entstehen). Die Höhle wird bereits im 15. Jahrhundert in den Dubrovniker Akten erwähnt. Neben dem Höhlenbär (Ursus spelaeus) entdeckte man hier auch Knochen des Leoparden (Panthera parus). Und allein von Funden in dieser Höhle wurden über 100 verschiedene Tierarten beschrieben, die hier in den komplexen Untergrundsystemen und Grundwasserströmen entstanden sind. Zu erreichen ist die Höhle über das Popovo Polje. Der direkte Grenzübergang aus Kroatien vom Ort Slano am Meer ist nur für den lokalen Grenzverkehr, aber nicht für Ausländer geöffnet.

Bild: M. Schneider-Jacoby

Neretva Delta - Kuti-See.

Das Phänomen der Karstpoljen

Neben den Höhlen, die Einblick in das komplizierte Wassersystem unter der Erde geben, sind die Karstpoljen das faszinierendste Phänomen in der Landschaft. Sie entstehen dort, wo Kalkgesteine oder Dolomit am Rande einer Vertiefung mit wasserundurchlässigem Lehmboden durch Regen- oder Höhlenwasser gelöst wird. Der Prozess der seitlichen Korrosion formt die Karstpoljen oder Karstfelder: Große, ausgedehnte Flächen mit ebenem, wasserundurchlässigem Boden wachsen langsam in die Breite und sind rundherum umschlossen von oft steilen und hohen Bergen. Solche Karstpoljen in den Dinariden, die in diesem Buch leider nur kurz vorgestellt werden können, verdienten eigentlich einen eigenen Naturführer. Selbst auf den Inseln finden sich Poljen ohne überirdischen Abfluss. Sie werden, beispielsweise auf Krk, auch als Trinkwasserspeicher genutzt.

Die Wasserläufe in diesen Karstfeldern werden von unterirdischen Quellen gespeist. Während des niederschlagsarmen Sommerhalbjahres verschwinden die Wasserläufe und Seen in der Regel wieder durch Ponore in den weit verzweigten, unterirdischen Höhlensystemen. Regnet es und sind die Niederschläge im Winterhalbjahr ergiebig, steigt der Wasserstand in den Höhlensystemen und das Wasser überschwemmt die Karstfelder. Mit dem Wasser kommen auch die Fische wieder ans Licht, die die Trockenzeit im Untergrund verbracht haben. Je nach den Niederschlags- und Grundwasserverhältnissen fließt also Wasser in das Polje oder aus dem Polje zurück in die Karsthöhlen. Die Karstpoljen sind riesige Wasserspeicher, die Regenfälle abfangen und aufhalten und so auch eine wichtige Rolle im Hochwasserschutz spielen.

Livanjsko Polje im Januar und im Juli 2010 (L8, S. 194).

Bild: M. Sarac

Bild: M. Schneider-Jacoby

Karstpoljen prägen die Landschaft

Die Karstregion der Dinariden oder Dinarischen Alpen ist 72.000 km² groß und damit das größte zusammenhängende Karstgebiet Europas. In diesem Gebiet existieren mindestens 140 Karstfelder mit einer Fläche von insgesamt 3.056 km²; das macht also immerhin vier Prozent der Fläche des gesamten Dinarischen Gebirges aus. Die Mehrzahl der Karstpoljen sind kleiner als 15 km². Das größte regelmäßig überflutete Polje – und mit 410 km² Fläche auch das größte Karstfeld der Welt – ist das Livanjsko Polje. Gemeinsam mit dem Kupreško-, Glamočko- und Duvanjsko-Polje bildet das Livanjsko Polje die nördliche Gruppe der Karstpoljen Bosnien-Herzegowinas. Zusammen mit dem Sinjsko Polje in Kroatien gehört es zum 4.000 km² großen Einzugsgebiet des Cetina-Flusses. Auch die Neretva wird von einem einzigartigen System aus Karstpoljen gespeist. Zu diesen gehören zum Beispiel Mostarsko Blato, Popovo Polje, Dabarsko Polje und viele mehr (vgl. Karte S. 29).

In hydrologischer Hinsicht erfüllen die terrassenartig angeordneten Karstfelder eine zentrale Rolle für die Wasserspeicherung und den Schutz vor Überflutungen. Sie bilden ein weltweit einmaliges, stark verzweigtes, aber bisher noch immer wenig erforschtes System aus ober- und unterirdischen Wasserläufen. Das System der Karstpoljen in Bosnien und Herzegowina blieb vor Eingriffen durch den Menschen bislang weitgehend verschont und ist das besterhaltene weltweit. Die Poljen sind wunderschöne Wiesenlandschaften und Feuchtgebiete, die sich je nach Jahreszeit in Seen oder Blumenmeere verwandeln; nur kleine Randbereiche werden in der Regel als Ackerland genutzt. Die Dörfer wurden früher stets hoch an den Hängen um das Karstfeld angelegt. Im Popovo-Polje werden die großen Anbauflächen trotz Regulierung und Kanalisierung des Flusses Trebišnjica noch immer regelmäßig überschwemmt. Leider wird aber heute ein großer Teil des Wassers aus dem Popovo Polje in Richtung Dubrovnik in das Wasserkraftwerk im Ort Plat abgeleitet. Deswegen trocknet der Fluss Trebišnjica immer wieder aus und zu wenig Wasser gelangt in das Neretva-Delta.

Flussdeltas

Flussdeltas sind jene Gebiete, in denen sich die Sedimentfrachten eines Flusses nach einer langen Reise flussabwärts ablagern. Der Begriff Delta für solche Ablagerungsgebiete in der Flussmündung wurde erstmals von Herodot 450 v. Chr. für die Mündung des Nils verwendet, weil die sich in Form eines Dreiecks fächerartig ausbreitenden Wasserarme dem griechischen Buchstaben Δ (Delta) gleichen. Weltweit gibt es einige Tausend Flussdeltas. Sie unterscheiden sich in Größe und Form bzw. ob sie an einer Meeresküste oder an einem Binnensee liegen.

Bild: M. Schneider-Jacoby

Blick vom Berg Veliki Trovro (N13, S. 176) bei Rogotin über die Neretva-Mündung.

Das Karst-Delta der Neretva

Am Mittelmeer finden sich nur wenige mittelgroße und eine Vielzahl kleinerer Flussmündungen wie das Neretva-Delta (Kroatien). Was die Neretva allerdings einmalig macht, sind die Karstquellen ihrer Nebenflüsse, die das Delta unterirdisch speisen. Die Quellen treten am Rande der mit den Flusssedimenten aufgefüllten Ebene unterhalb Čapljina zutage. Auf diese Weise werden die Lagunen und Delta-Seen direkt mit Süßwasser gespeist. Die Karstquellen bilden, ausgehend vom Neretva-Delta, ein unterirdisches Labyrinth, das die Nebenflüsse mit den angrenzenden, terrassenartig übereinanderliegenden Karstpoljen verbindet. Das macht die Neretvamündung zu einem der hydrologisch und morphologisch komplexesten Flussdeltas der Erde. Nur das Wasser aus dem Hauptfluss gelangt oberirdisch ins Meer und fließt durch Metković und Opuzen der Adria zu. Der größte Nebenfluss Trebišnjica, wie auch große Teile des restlichen Einzugsgebietes münden aber unterirdisch in das Delta. Diese Quellflüsse sind eine der großen Besonderheiten der an Attraktionen reichen Landschaft an der Adria und gleichzeitig Heimat endemischer Fischarten.

Die umliegende Karstlandschaft ist viel älter als das Neretva-Delta selbst. Seit Millionen von Jahren fließt das Wasser durch das unterirdische Höhlensystem im Einzugsgebiet des Flusses. Als das Mittelmeer über lange Perioden der Erdgeschichte trocken gefallen war, verlief die Neretva hunderte Meter tiefer im Tal zwischen Peljašac und Biokovo, und ein ausgedehntes Süßwasserdelta bildete sich unter dem heutigen Meeresspiegel. Auch vor 18.000 Jahren, in der letzten Eiszeit (Würm), lag der Meeresspiegel über 100 m tiefer als heute. Der Wasserdruck in den Gebirgen des verkarsteten Hinterlandes verhindert bis heute, dass Meerwasser in die Höhlen unter dem Binnenland vordringen kann. Das historische Tal der Neretva ist mittlerweile fast vollständig mit Sedimenten aufgefüllt, während die Bucht von Mali Ston, der Mali Stonski Zaljev mit dem Neretvanski-Kanal, heute immer noch eine Meeresbucht bildet.

Seit den letzten 10.000 Jahren bzw. seit der letzten Vereisung befinden sich die noch natürlich belassenen Flussdeltas der Erde in einer Phase des Wachstums. Die meerseitige Vorderfront des Neretva-Deltas, wo ein Großteil der Sedimente abgelagert wird, zeigt von oben die Gestalt eines Vogelfußes. In der Karte aus dem Jahr 1852 ist die Deltafront meerseitig noch offen und der Fluss mündet mit acht Mündungsarmen ins Meer. Das Delta wird von eingesprengten Karsthügeln (hum), die Verengungen des Flusstales bei Metković und Opuzen sowie durch Karstseen gegliedert. In historischer Zeit konnte das Delta nicht mehr seitwärts wachsen. Die Neretva bildet auf beiden Seiten erhöhte Dammufer aus Sedimenten aus, während die rechtwinkeligen Verästelungen des Flusses unterhalb von Opuzen annähernd rechteckige Lagunen oder Deltaseen, die für diese Deltaform (Vogelfußdelta) charakteristisch sind, bilden.

Die heutige Form des Neretva-Deltas hat in erster Linie die Schleppkraft des Flusses – und nicht etwa der Einfluss des Meeres – geschaffen. Deltaseen und Lagunen als Zeugen des ehemals raschen Wachstums sind auf alten topographischen Karten gut zu sehen. Beide sind durch das meerseitige Wachstum des Deltas entstanden, während die Bereiche beidseitig des Flusses kaum mit Sedimenten aufgefüllt worden sind. Die von der Neretva mitgeführten Sedimente werden entweder entlang der Flussufer als Dammufer (die damit die charakteristischen Vogelfüße bilden) oder im Meer ganz an der Mündung im Vordelta abgelagert.

Bild: M. Schneider-Jacoby

Neretva-Nebenfluss Krupa im Naturpark Hutovo Blato.

Karstpoljen in den Einzugsgebieten von Cetina und Neretva

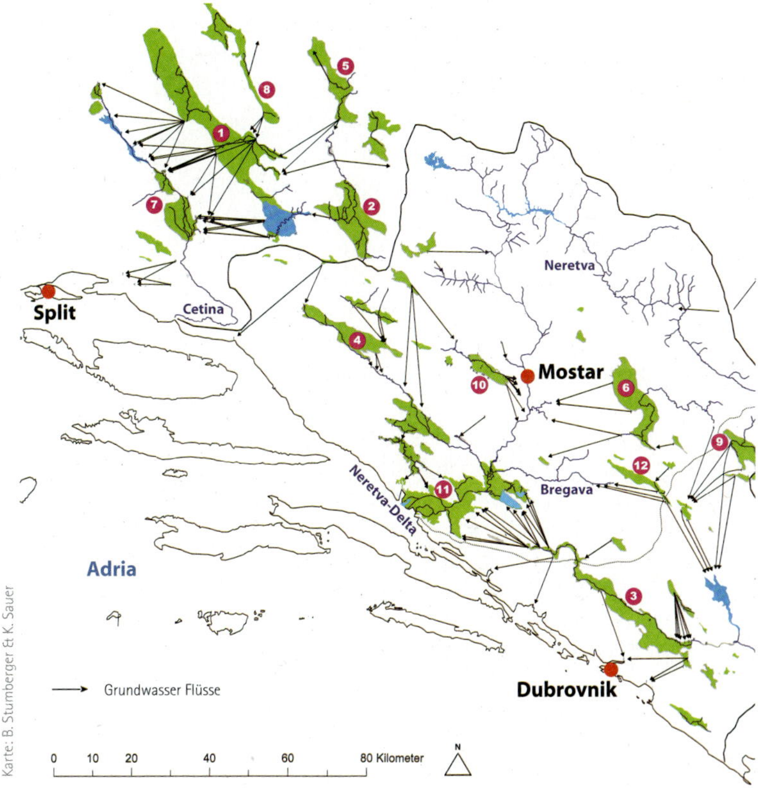

1 Livanjsko polje
2 Duvanjsko polje
3 Popovo polje
4 Imotsko polje
5 Kuprеško polje
6 Nevesinjsko polje
7 Sinjsko polje
8 Glamočko polje
9 Gatačko polje
10 Mostarsko blato
11 Hutovo blato (Deransko-Svitavsko polje)
12 Dabarsko polje

Klima an der Adria-Ostküste

Das Mittelmeerklima stellt den Übergang zwischen der gemäßigten Zone weiter nördlich in Europa und dem trockenen tropischen Klima in Afrika dar. Typisch ist der starke Kontrast zwischen der kalten, nassen Winterzeit und den trockenen, heißen Sommermonaten. Entsprechend kurz sind die Übergänge im Frühjahr und Herbst, und so können oft äußert harte Wettersituationen auftreten. Aber es kann auch angenehm sein, wenn im Januar oder Februar plötzlich das Thermometer hochschnellt und die Wasservogelzählung mit kurzen Ärmeln stattfindet.

An der dalmatinischen Küste liegen die Nachttemperaturen im Winter durchschnittlich bei etwa 5 °C, da das Meer auch dann noch um die 13 °C warm ist. Eis und Frost treten hier selten auf. Bei starken und kalten Winden vom Land her kann sich aber auf dem flachen Meerwasser der Lagunen oder auch in den Salinen kurzzeitig Eis bilden. Für die Vögel sind diese Wetterlagen sehr kritisch, und bei andauernden Winden können im Extremfall sogar Hunderte von Blässhühnern (Fulica atra) anfrieren, wie von der Viluni-Lagune im Bojana-Buna-Delta berichtet wurde. Die Tagesdurchschnittstemperaturen sind aber im Winter mit 12 °C und höher angenehm warm und ideal für überwinternde Vogelarten. An Sommertagen zeigt das Thermometer durchschnittlich über 25 °C, und durch die lange Sonnenscheindauer liegen die Höchsttemperaturen dann oft über 30 °C. Auch der Boden erhitzt sich stark; auf offenen Flächen können gar bis zu 70 °C erreicht werden. Pflanzen, die hier ausdauern, müssen sich vor dem Austrocknen schützen, und Tiere ziehen sich oft in den Schatten oder kühlere Bereiche zurück. Gehäuseschnecken wandern zum Beispiel während der größten Hitze nach oben, wo die Luft nicht ganz so trocken ist und leichte Luftbewegungen etwas Kühlung bringen, und warten auf erträglichere Temperaturen.

Bienenfresser (Merops apiaster) mit Libelle auf Weidepfahl mit Schnecken, Velika Plaža.

Bild: P. Sackl

Die Wassertemperatur liegt von Juni bis Oktober bei über 20 °C. Im Allgemeinen kann von Oktober bis Mai mit stärkeren Winden gerechnet werden, die aber in der Regel nur wenige Tage anhalten. Für den Naturinteressierten lohnt es sich, auch bei schlechterem Wetter mit dem Fernglas ans Meer zu gehen, denn vor allem während stürmische Südwinde blasen, lassen sich die Meeresvögel wie etwa Gelbschnabel-Sturmtaucher (Calonectris diomedea) in der Nähe des Ufers sehen. Und manchmal kommt während solcher Wetterlagen der Vogelzug zum Erliegen, so dass man im Zugstau dann viele Hunderte oder sogar Tau sende rastender Vögel beobachten kann - darunter meist die eine oder andere Seltenheit am Strand.

Wolkenbildung in der Bucht von Kotor.

Bild: M. Schneider-Jacoby

Die Winde

An der Ostküste der Adria treten zwei besonders starke Winde auf: der Jugo und die Bura („kalter Windstoß", auch Burja oder Bora genannt). Winde vom Bura-Typ gehören zu den stärksten der Welt; einzelne Böen erreichen Spitzengeschwindigkeiten von bis zu 200 km/h. Die Bura ist kalt und trocken und kommt aus Nordost oder Ost (von der Küste aus gesehen aus dem Binnenland). Wo aber die Küste aus der hohen Gebirgskette der Dinariden besteht, fällt die kalte Luft mit einer plötzlichen Gewalt bis auf die Meeresoberfläche herab und treibt die Wellen vor sich her, wobei sie den Schaum oft meterhoch in die Luft und über die Inseln reißt.

Kahle Felslandschaften werden durch diese Fallwinde abgewaschen und abgeschliffen. Der Wind entsteht durch die großen Luftdruckunterschiede über dem Meer und dem Land: Beim Aufsteigen der warmen Luft über dem Meer wird ein Sog erzeugt, der die kalte Luft vom Festland anzieht. Während der Bura, die vorwiegend im Winter bläst und dann bis zu 14 Tage andauern kann, ist die Sicht schön klar, und oft scheint am Meer auch die Sonne. Im Sommer weht sie meist nur für einige Stunden oder allenfalls einen Tag lang. Dann treibt die Bura an der Adria-Ostküste aber leider das warme Oberflächenwasser vor sich her, während das kalte Tiefenwasser aufsteigt, so dass sich die Meeresoberfläche stark abkühlt und das Baden im Meer von einem Tag zum anderen unangenehm wird.

Der Südwind, der in vielen Ländern am Mittelmeer Schirokko genannt wird, heißt an der Adria Jugo (Jug = Süden). Er ist warm und feucht und kann Sand aus der Sahara mitbringen. Der Jugo ist vor allem im Frühjahr recht stark und führt zu kräftigen Wellen an der Küste. Angenehm ist, dass Luft und Wasser in diesen Zeiten trotzdem warm bleiben. Sanfter gibt sich der Maestral, der als lokaler Wind bei schönem Wetter über Mittag vom Meer her weht und den Sommer so angenehm macht, während die Hitzewelle im Inland das Thermometer über 30 oder sogar 40 °C ansteigen lässt. Durch die feuchte Luft vom Meer können sich auch Wolken an den Hängen der Küste bilden. Weitere Winde sind der Tramontana, der von Norden weht, und der von Osten kommende Levant.

Bild: M. Schneider-Jacoby

Der „Jugo" treibt hohe Wellen in die Bucht von Ulcinj.

Europas Rekordhalter bei Niederschlägen

Auf Grund der steilen Berge am Meer kommt es zu heftigen Regenfällen, wenn sich die warme, feuchte Luft von Westen oder Süden an den Dinariden abkühlt. Doch während an der Küste und vor allem auf den Inseln oft über Wochen kein Regentropfen fällt, ist Crkvice der „Niederschlags-Europameister". In diesem Ort, der oberhalb der malerischen Bucht von Kotor (Montenegro) im Orjen-Gebirge an der Grenze zu Bosnien-Herzegowina und Kroatien liegt, beträgt die jährliche Niederschlagsmenge um die 5.000 mm; das entspricht 5.000 Liter/m^2 oder einer Wassersäule von fünf Meter Höhe. Aber selbst in Risan in der Bucht von Kotor fallen immerhin noch 3.500 mm im Jahr. Wichtig für Natur und Mensch ist, dass ein Großteil der Niederschläge in den Bergen als Schnee liegen bleibt, im Frühjahr dann langsam in den Karstboden einsickert und so die Grundwasservorräte auffüllt. In Crkvice sind es etwa 70 Schneetage auf 940 m über dem Meer, in den Hochlagen der Küstengebirge rund doppelt so viele.

Werden die Winter in Zukunft wärmer, ist also mit starken Folgen für den Wasserhaushalt in der Region zu rechnen. Einen Vorgeschmack gaben die großen Überschwemmungen in Skhodra (Albanien) im Janurar 2010. Bis in die zweite Januarhälfte lag noch kein Schnee auf den Bergen, und das Regenwasser überflutete alle Feuchtgebiete und füllte auch die Karstpoljen in diesem Monat alle randvoll. Hochwasserschäden wurden aber nur aus dem Bojana-Buna-Delta bei Shkodra gemeldet - eine Folge der in den letzten Jahrzehnten erfolgten Verbauung von vier der fünf Mündungsarme des Drin. Da der Drin heute nur noch durch die Bojana-Buna ins Meer mündet, passten die Wassermassen nicht durch den einzigen Durchlass an der albanisch-montenegrinischen Grenze. Gleichzeitig waren alle Stauseen am Drin randvoll und die Flutwelle überschwemmte die Ebenen um Shkodra.

Bojana-Buna Überschwemmungen im Januar 2010.

Bild: B. Stumberger

Bild: M. Schneider-Jacoby / **Karstfelsen am Skutari-See**

Vogelbeobachtung und Kulturerbe

Kultur/Historie

Alte Tradition der Vogelbeobachtung und ornithologische Entdeckungen

Bis zum Beginn der Jugoslawien-Krise 1990 waren viele der in diesem Buch beschriebenen Naturgebiete als Reiseziele in Europa sehr geschätzt. So galten etwa das Sumpfgebiet von Hutovo Blato im Neretva-Delta (Bosnien und Herzegowina) oder der Skutari-See in Montenegro als Mekka für Ornithologen, und zahlreiche Reisen führten zu den einzigartigen Vogelbeständen. Die Liste der entlang der Adria beschriebenen und dort teils neu entdeckten Vogelarten ist lang und beeindruckend. Unter anderem wurde die Adria-Ostküste wegen des 1832 als eigene Art erstmals beschriebenen Krauskopfpelikans (Pelecanus crispus), der noch heute im Englischen „Dalmatian Pelican" genannt wird, berühmt. Auch der Fund des Waldrapps (Geronticus eremita), der lange Zeit nur als Phantom durch die ornithologische Literatur geisterte, war aufsehenerregend: Ulysses Aldrovandus hat im ausklingenden 16. Jahrhundert in Illyrien (frühere Bezeichnung der Länder in der Westhälfte der Balkanhalbinsel) diesen Ibisvogel gezeichnet und beschrieben, und Brutplätze der Art wurden durch Conrad Gesner (1555) aus Istrien bei Pula bekannt. Außerdem brüteten Waldrappe wahrscheinlich auch bei Koper, als die Bucht noch ein natürliches Delta des Flusses Rižana war.

Bild: O. Vizi

Der Krauskopfpelikan wurde 1832 erstmals als eigene Art beschrieben.

Der Arzt und Naturkundler Joannes Antonius Scopoli (1723 - 1788) beschrieb gar gleich drei neue Vogelgattungen, einige Unterarten und mehr als 60 Vogelarten. Aus Tirol kommend, hatte er sich in Idria (auf halbem Weg zwischen Ljubljana und Triest) niedergelassen und war in Carniola zwischen den Alpen und den Inseln im Norden der Adria tätig. Anhand von Material von der Adria beschrieb er Arten wie Felsenschwalbe oder Kappenammer zum ersten Mal für die Wissenschaft. Aber auch der Rallenreiher (Ardeola ralloides) Gelbschnabel-Sturmtaucher (alter Name Scopoli's Sturmtaucher) und die Weißkopfruderente (Oxyura leucocephala) sind von Scopoli beschrieben worden; für die letztere Art war die Adria-Ostküste einst sogar typisches Überwinterungsgebiet!

Bild: P. Sackl

Singende Kappenammer auf Tamariske.

Zwischen April und September 1811 reiste Ernst Friedrich Germar nach Dalmatien. Seine Reisebeschreibungen spiegeln anschaulich das politische und wissenschaftliche Umfeld der damaligen Zeit wider. Die Krauskopfpelikane - damals irrtümlich als Rosapelikan bezeichnet und noch gar nicht als eigene Art bekannt! - „waren im Winter häufig an den Flüssen zu finden". Auch heute noch tauchen Rosapelikane nur ganz selten an der Adria auf.

Der Name des Ornithologen Christoph Feldegg (1779 -1845) ist heute noch in dem wissenschaftlichen Artnamen für die Maskenstelze (Motacilla flava feldegg) enthalten. Als bedeutender Sammler belieferte er seine Zeitgenossen mit mancher neuen Mittelmeerform. Allein seine ornithologische Sammlung bestand aus 4.549 Vögeln. Ab 1817 lebte er in Metković im Neretva-Delta. In Dalmatien gelangen ihm durch seinen großen Eifer bedeutende Aufschlüsse über die Vogelwelt. Der Lannerfalke (Falco biarmicus) wurde ebenfalls zunächst nach ihm Feldeggfalke genannt. Außerdem arbeitete er selbst entscheidend an der Beschreibung der Mittelmeer(silber)möwe (Larus michahellis) mit.

Maskenstelze.

Mittelmeermöwe.

Bild links: T. Sackl; Bild rechts: O. Vizi

Julius Finger besuchte 1858 das Neretva-Delta und den Hutovo Blato. Die Anreise erfolgte nicht über Metković, das damals noch von schwer passierbaren Sümpfen umgeben war, sondern über Dubrovnik in zwei Tagesmärschen „teils zu Pferd, teils auf Eseln" bis „Türkisch Doljane", einer damals bekannten Ortschaft oberhalb Metković am linken Ufer der Narenta (Neretva). Quartier nahm er an der Mündung der Krupa, durch die das Quellwasser aus dem Hutovo Blato in die Neretva fließt. Finger bezeichnet das Gebiet als „meilenlangen und breiten Morast von Ulova". Er beschreibt eine Landschaft mit Milanen, Schwarzstörchen (Ciconia nigra) und Reihern, die damals in riesigen Mengen vorhanden waren, und deren große Brutkolonien. Nach Finger verbrachten im Monat Juni zahlreiche Gänse und Schwäne sowie große Enten „mit hochroten Schnäbeln und Füßen und dicken rostbraunen Köpfen" (also zweifellos Kolbenenten [Netta rufina]) die Nächte in der Sumpfwildnis. Das Hauptziel der Jagdexpedition galt aber dem Krauskopfpelikan. Obwohl ein „großer, von der Narentamündung heran streichender Flug in Dreieckform gesichtet" wurde, konnten aber die Aufenthalts- und Ruheplätze der Krauskopfpelikane im Hutovo Blato nicht gefunden werden. Erst mit „Müh und Not konnte letztendlich ein Brutplatz von mehr als 100 Pelikanpaaren glücklich erreicht werden". Fingers Abhandlung über die Vogelwelt der Adria enthüllen eine überaus reichhaltige Vogelwelt, bevor sie durch Regulation, Flächenverluste und dann Vogeljagd mit modernen Gewehren dezimiert wurde. Aber auch heute noch beeindrucken die Sumpfflächen im Neretva-Delta und Livanjsko Polje mit ihrem Vogelreichtum. Und auch in den weiten Überschwemmungsflächen am Skutari-See kann sich bald wieder eine noch reichere Vogelwelt einstellen, falls es gelingt, den Schutz entsprechend gut zu organisieren.

Der Jäger Freiherr Laska belegte 1905 die Bedeutung des Adriatic Flyway. Als wichtigste Wasservogelgebiete der Herzegowina hat er Mostarsko Blato, Hutovo Blato und das Neretva-Delta bezeichnet. Seine Beschreibung ist einmalig und gibt Einblick über den Reichtum der Feuchtgebiete an der Neretva: „Im Inneren des Landes aber, besonders in Hercegovina, da liegen die unergründlichen, unberührten Raststationen dieser Wanderer der Vogelwelt: die Mündung der Narenta (Neretva) in das Meer, das ungeheure Mostarsko blato, ein Sumpf von riesiger Ausdehnung und nicht weit davon Utovo (Hutovo), der rätselhafte Sumpf ... Ungezählte Hunderttausende von Wildenten verschiedenster Arten, besonders aber Stock- und Kriekenten, beleben diese Orte...".

Bild: M. Schneider-Jacoby

Wie vor Jahrhunderten, beeindrucken noch heute die Karstseen im Naturpark Hutovo Blato.

Den besten Einstieg in das Vogelleben des Hinterlands und der Adria selbst bietet das Jahrhundertwerk von Othmar Reiser, die „Ornis balcanica" mit den Bänden I - IV: „Bosnien-Herzegowina nebst Teilen von Serbien und Dalmatien, Bulgarien, Griechenland und Montenegro". Auch heute, 100 Jahre nach den Beobachtungen Reisers, finden wir in diesem Buch wichtige Hinweise über mögliche Vorkommen seltener Arten. Tatsächlich führten seine Beschreibungen hundert Jahre später zur Wiederentdeckung des Livanjsko Polje durch EuroNatur mit der erfreulichen Bilanz, dass noch heute zahlreiche der von ihm beschriebenen Vogelarten hier brüten. Die Neugründung des Bosnisch-Herzegowinischen Landesmuseums wurde wesentlich von Reiser geprägt und 1914 vollendet. Doch dann wurde der Erzherzog und Thronfolger Franz Ferdinand auf der Fahrt zur Museums-Eröffnung erschossen und der I. Weltkrieg brach aus. Doch die riesige Sammlung Reisers hat glücklicherweise die beiden Weltkriege und auch den letzten Krieg (1991 bis 1995) unbeschädigt überstanden. So kann man heute wieder eine Reise an die Adria mit einem lohnenden Besuch in dem wunderschönen, historischen Museum in Sarajevo beginnen.

Eine weitere interessante ornithologische Sammlung (Ornitološka zbirka) wurde von Renata und Dragutin Rucner in den Zeiten Jugoslawiens in Metković im Neretva-Delta gegründet. Gemeinsam beschrieben sie die Vegetation und Vogelwelt in allen wichtigen Teilen des Landes nach dem 2. Weltkrieg. Bereits 1952 wurde ihre Sammlung eröffnet und umfasst heute 218 Arten. Die Präparate belegen die Geschichte der Ornithologie, die lange durch das Sammeln und Schießen von Vögeln geprägt war. Anhand der toten Vögel wurden im 18. und 19. Jahrhundert immer wieder neue Arten beschrieben, darunter auch sehr interessante Singvögel wie die Trauermeise (Parus lugubris) oder der Felsenkleiber (Sitta neumayer), Arten, die auf spezielle Lebensräume an der Adria angewiesen sind oder sonst in Europa selten waren. Heute ist es notwendig, die noch erhaltenen Lebensräume vor Jägern zu schützen, damit nicht weitere Arten wie bereits die Weißkopfruderente oder der Waldrapp (Geronticus eremita) an der Adriaküste aussterben. Inzwischen können Fernglas und Fernrohr das Gewehr ersetzen, und gute Bestimmungsbücher reichen aus, um die Arten sicher anzusprechen. Dennoch sind die historischen Sammlungen ein interessantes Dokument der intensiven Forschungsarbeit und können zum Bestimmen und Nachdenken anregen.

Aus Albanien, das bis zum Balkankrieg im Jahre 1912 unter türkischer Herrschaft stand, waren - anders als aus den übrigen Adria-Ländern - außer in Jagdbeschreibungen kaum Informationen über Vögel vorhanden. Das erste Sprungbrett für die ornithologische Erforschung Albaniens waren die Ionischen Inseln unter Britischem Schutz (1809-1864). Im Dienste der britischen Krone haben Drummond, Portlock und Powys, dessen Namen später allgemein als Lord Lilford in der Ornithologie bekannt wurde, erste Arbeiten über Vögel publiziert (1843 -1860). Weitere Vogelkundler wie Führer, Ticehurst, Whistler und Kattinger stellten die Vogelvorkommen Albaniens bis Mitte des 20. Jahrhunderts der westlichen Fachwelt vor.

Bild: M. Schneider-Jacoby

Ornithologische Sammlung in Metković.

Kurzer Ausflug in die Geschichte

Besonderen Reiz verleiht der Ostküste der Adria ihr reiches kulturelles Erbe, dessen Erkundung sich gut mit dem Naturgenuss verbinden lässt. Neben eindrucksvollen historischen Bauten verdienen traditionelle Formen der Naturnutzung als weitere Kulturzeugnisse Beachtung, zumal diese mit Naturschutz eng verzahnt sind. Bereits in Slowenien, in der malerischen Saline Sečoveljske, wird dies überdeutlich. Allein sieben Salinen aus verschiedenen Epochen entlang der Küste, deren Besuch empfehlenswert ist, werden in diesem Naturreiseführer beschrieben. Ebenso sind alte Haustierrassen wie das Boskarin-Rind oder verschiedene Schafsrassen auf den Inseln für den Besucher interessant.

Bild M. Schneider-Jacoby

Auf der Insel Krk hält das Boskarin-Rind, das Wahrzeichen Istriens, noch immer die Weiden offen.

Die Ostküste der Adria war bereits in vorgeschichtlicher Zeit besiedelt. Dalmatien ist nach den Dalmaten benannt, die zu den Stämmen der Illyrer gehörten. Im 12. Jahrhundert vor Christus zogen sie nach Süden und verdrängten die Hellenen. Zeitweise bewohnten die Illyrer beide Seiten der Adria. Die Wurzeln des Albanischen werden in der Sprache dieses alten Balkanvolkes vermutet. Sowohl von den Illyrern als auch den Griechen finden sich allerdings nur noch wenige Spuren an der Adriaküste. Zwar geht die Gründung großer Festungen wie der Zitadelle von Berat oder der Rosafa-Burg bei Shkodra bis auf die Illyrer zurück, doch wegen späterer Überbauungen sind von der ursprünglichen Bausubstanz jeweils nur Reste der Grundmauern erhalten. Durch ihre dominierende Lage am Skutari-See lädt vor allem die Rosafa-Ruine zu einem Besuch ein. Ein wichtiges Zeugnis aus griechischer Zeit stellt die alte Stadt Apollonia, die bereits 588 vor Christus als dorische Kolonie gegründet wurde, dar. Sie liegt auf einem Hügel etwa einen Kilometer nördlich des Flusses Vijosa, der früher schon nach wenigen Kilometern in die Adria mündete und in der Antike bis zur Stadt hinauf schiffbar war. Hier sind verzierte Säulen erhalten geblieben, und auch ein antikes Theater kann besichtigt werden. Bereits seit dem 9. Jahrhundert beschirmt ein Kloster die Ruinenstadt. Heute liegen die Ruinen zwischen den beiden wichtigen Feuchtgebieten Karavastas und Narta, zehn Kilometer westlich von Fier. Leider kam es auch hier nach 1990 während der Aufstände in Albanien zu Verwüstungen.

Bild: M. Schneider-Jacoby

Blick von den Mauern der Burg Rosafa.

Wesentlich zahlreichere Spuren hinterließen die Römer, die schon drei Jahrhunderte vor Christus mit den Illyrern in heftige Kämpfe verwickelt waren. Ein Besuch der berühmten römischen Baudenkmäler wie dem Diokletian-Palast in Split oder den Amphitheatern in Pula und Durres, aber auch der weniger bekannten antiken Fundstätten lohnt sich nicht zuletzt auch wegen ihrer günstigen Voraussetzungen zur Vogelbeobachtung (bitte also Fernglas nicht vergessen). Ein gutes Beispiel ist die Villa Mogorjelo bei Čapljina an der Straße in Richtung Gabela. Durch den strengen Schutz hat sich hier um die Mauern ein wunderschöner Zypressenhain gebildet, der zur Rast und Vogelbeobachtung einlädt.

Bilder: M. Schneider-Jacoby

Vid im Neretva-Delta war einst ein römischer Hafen. Diokletian-Palast in Split.

Im 7. Jahrhundert rückten die slawischen Völker bis ans Meer vor und machten den Römern dort die Vorherrschaft streitig. Nur kurz bestand das kroatische Königreich um die Jahrtausendwende. In den folgenden Jahrhunderten stritten sich das Königreich Ungarn, das die kroatische Krone übernommen hatte, mit Venedig um den Küstenstreifen. Nur Dubrovnik, der Republik Ragusa, gelang es mit großem Geschick und Konzessionen, die Selbstständigkeit zu bewahren. Viele schöne und oft stark befestigte Küstenstädte laden heute zum Promenieren und Erkunden ein. Auch kleinere Orte, beispielsweise auf den Inseln, die weit genug vom Meer entfernt lagen, um vor Überfällen sicher zu sein, stellen reizvolle Ausflugsziele dar. Auf der Insel Lastovo etwa liegt der Hauptort hoch oben in der bergigen Gegend versteckt und geschützt; den Zugang zum Meer bot ihm der kleine Hafen Lucica.

Bild: M. Schneider-Jacoby

Die berühmte Brücke in Mostar überspannt die Neretva.

Interessant für den osmanischen Baustil ist auch die Burg und Siedlung Počitelj. Sie liegt an der wunderschönen Furkationszone der Neretva gleich oberhalb des Deltas an der Straße nach Mostar. Bereits 1444 erstmals erwähnt, bewachte der Ort abwechselnd den Zugang ins Tal bzw. aus dem Tal, je nachdem ob er zum bosnischen oder ungarischen Königreich oder zum osmanischen Herrschaftsgebiet gehörte. In dem größten Gebäudeensemble des Ortes im osmanischen Stil ist heute eine Künstlerkolonie ansässig, die sich über Besucher freut. Auch in vielen anderen Städten im Hinterland findet sich eine interessante Mischung aus verschiedenen historischen Baustilen. So lohnt ein Besuch in Livno mit seiner Oberstadt aus osmanischer Zeit, von der aus man einen großartigen Blick auf den Felsen mit dem alten Wachturm (kula) und über das Livanjsko Polje hat. Das Franziskanerkloster in Livno bietet zusätzlich eine reiche Sammlung aus Kunst und Geschichte im Museum Gorica.

Bild: M. Schneider-Jacoby

Die Burg Počitelj liegt am Ende der Neretva-Schlucht.

Nicht nur aus kulturhistorischer Sicht lohnt sich ein Ausflug zur Buna-Quelle, in deren Nähe sich ein interessantes, im 16. Jahrhundert für den Derwisch-Orden erbautes moslemisches Kloster mit dem Namen Tekija befindet. Die malerisch unter einem Felsen gelegene Buna-Quelle ist auch ein besonders schöner Platz, um Vögel zu beobachten. Zu ihr führt die Straße nach Blagaj, die vom Meer kommend einen Kilometer vor Mostar nach Osten abzweigt. Felsenschwalbe, Felsentaube, Felsenkleiber (bei Dubrovnik 1830 zum ersten Mal beschrieben), Wasseramsel (Cinclus cinclus) und Bergstelze (Motacilla cinerea) kann man hier von den an der Quelle gelegenen Restaurants aus sehen. Bis 1991 bewohnte auch eine Gänsegeierkolonie (Gyps fulvus) den pittoresken Felsen über der Quelle. Leider starben die Altvögel an vergifteten Aasködern, die wieder einmal gegen Wölfe (Canis lupus) ausgelegt worden waren. Jetzt halten Heimat- und Vogelschützer ein paar Gänsegeier in Volieren mit dem Ziel, die Art im Rahmen eines internationalen Projektvorhabens an die alten Brutplätze oberhalb der Quelle zurückzuholen. Ein Erfolg des Projektes wäre nicht nur im Sinne des Naturschutzes, sondern ebenso für die Tourismusentwicklung wünschenswert.

Bild: D. Kulje

Über der Buna-Quelle liegt das sagenumwobene Kloster Tekija.

Die Salinen: früher Quellen des Reichtums, heute Bewahrer der Naturschätze

Besonders beeindruckend ist das Ensemble von Saline und Altstadt in Ston (Kroatien). Von der zweitlängsten historischen Mauer der Welt bietet sich ein malerischer Blick auf das Salinengelände. Die natürliche Methode der Salzgewinnung aus dem Meer beherrschten schon die alten Römer. Neben dem günstigen Mittelmeerklima sind hierfür auch bestimmte geografische Voraussetzungen wichtig. In der Bucht von Ston sind ideale Bedingungen gegeben, um das Meerwasser bis zur Kristallisation durch ein System von Becken zu leiten. Bereits im 13. Jahrhundert wurde hier das Salz auf die selbe Art und Weise hergestellt wie heute, und wie früher werden die Salzkristalle als Endprodukt mit Holzschaufeln geerntet und auf Wagen zu den Lagern geschoben. Heute sind freiwillige Helfer als Salzarbeiter bei der traditionellen Ernte willkommen.

Salzernte in der Solana Ulcinj.

Tabelle 1: Salinen an der Ostküste der Adria (in Klammern die maximale Salzernte).

Land	Saline	Fläche (km²)	Salzernte (t)	Status
SI	Strunjanske soline	0.2	Teil der Saline Sečovlje	teilweise in Betrieb, geschützt
SI	Sečoveljske soline	6.5	4,000 (40,0000)	teilweise in Betrieb, geschützt
HR	Solana Pag	2.5	13,000-15,000 (20,000)	Industriesalz seit 2008 nicht mehr geerntet
HR	Dinjiška (Pag)	0.7	?	in Betrieb
HR	Solana Nin	0.5	1,500 (3,500)	in Betrieb
HR	Solana Ston	0.5	1,500-2,000 (6,000)	in Betrieb
CG	Tivatska Solila	1.5	?	geschützt
CG	Solana Ulcinj	14.5	15,000-20,000 (42,000)	in Betrieb
AL	Kryporja Kavaja	2.5	2000	umgewandelt in Aquakultur
AL	Kryporja Vlore	15.4	30,000-70,000	in Betrieb
Total		48.4	67,000-115,500 (183,500)	

Für die Entwicklung des Stadtstaates Dubrovnik war das Salz aus Ston von so großer Bedeutung, dass bereits ein Statut aus dem Jahr 1272 gesetzliche Regelungen für die Salzgewinnung und den Salzhandel festlegte. Salz war ein Staatsmonopol, und die Qualität des Salzes wurde von einem eigens hierfür zuständigen Büro streng überwacht. Bis zu 6.040 Tonnen pro Jahr ernteten die Einwohner von Ston im 17. Jahrhundert. Der Verkauf lief über den Hafen an der Neretva, in Dubrovnik und im Ort Slano (slano heißt salzig). Der Gewinn aus dem Salz, das mit der eigenen Flotte gehandelt wurde, machte Dubrovnik reich. Aber die Nachfrage war so groß, dass Dubrovnik später auch Salz aus anderen Salinen wie der auf Pag oder sogar aus Apulien vermarktete. Heute sind es ungefähr 2.000 Tonnen jährlich, die in Ston auf traditionelle Weise gewonnen werden. Entscheidend ist nicht mehr die Menge, sondern dass die Salzgärten als Teil des Kulturerbes von Dubrovnik und der Region erhalten bleiben.

Die Altstadt von Ston mit der Saline.

Bild: M. Schneider-Jacoby

Noch viel älter ist die Saline auf Pag, die zur Stadt Zadar gehörte und sogar bereits 999 urkundlich Erwähnung fand. Zur Zeit ist sie auch die größte in Kroatien.

Ganz ähnlich wie zwischen Dubrovnik und Ston waren die Verbindungen zwischen der Saline bei Tivat (Tivatska Solila) und Kotor, einer weiteren als Weltkulturerbe ausgezeichneten Stadt an der Adria, die ihren Reichtum dem Salz verdankte. Und auch hier wurde die Herrschaft über die Quelle des Reichtums mit einer mächtigen Mauer an den Abhängen des Küstengebirges geschützt. Ebenso beruhte die große Bedeutung der Stadt Koper in Slowenien auf dem Salz. Dort bewahrt der Landschaftspark Sečoveljske Soline geschickt die Tradition der Salzernte. Doch all die heute noch existierenden Salinen wie die Solana Ulcinj in Montenegro oder die albanische Saline bei Narta sind nicht nur aus kulturhistorischem Interesse erhaltenswert. Mit ihrer großen Fläche und Naturausstattung stellen sie hervorragende Rastplätze für Wasservögel dar. So blieben in den vergangenen Jahrzehnten allein durch die Salzgewinnung entlang der Ostküste der Adria 50 km^2 wertvoller Vogellebensräume, die sonst vielleicht längst verbaut oder anderweitig zerstört worden wären, erhalten und mit ihnen die komplexen Vorgänge, die in den natürlichen Lagunen das Überleben vieler spezialisierter Lebewesen ermöglichen. Die Salzproduktion in den großen Salinen in Ulcinj und Narta ist ein wichtiger Beitrag zur Erhaltung der Vogellebensräume und Rastplätze.

Alte Städte wie Felsen

Viele der historischen Orte bieten neben ihren Kulturwerten auch interessante Möglichkeiten zur Vogelbeobachtung. Ein gutes Beispiel dafür ist Kotor, das direkt am Abhang des Lovčen-Gebirges liegt und - sieht man ab vom nahen Meer - fast eher wie eine Stadt in den Bergen als wie eine Küstenstadt wirkt. Ungewöhnlich ist, dass die Alpendohle hier in mehreren Paaren mitten in der Altstadt brütet - eine wahre Besonderheit in Europa auf Meereshöhe! In vielen historischen Städten wie Zadar und Split bietet sich ein herrliches Bild, wenn die drei Seglerarten in den Morgen- oder Abendstunden durch die steilen Gassen toben. Besonders gute Chancen für solche Erlebnisse hat man auch in Dubrovnik, das die wahrscheinlich größte Alpenseglerkolonie an der ganzen Küste beherbergt: etwa 300 Paare brüten in den Nischen und Löchern der Mauern und historischen Gebäude. Am wenigsten erwartet man die Nester direkt in den verzierten Säulen an den Fenstern des wunderschönen Palastes der Stadtverwaltung, auch Rektorenpalast (Knežev Dvor) genannt. Übrigens wechselten hier früher die Rektoren turnusmäßig, um Bestechung und Erpressung innerhalb der Stadtregierung zuvorzukommen. Auch nebenan, auf der Meerseite der Prachtstraße „Stradun", fliegen Alpensegler in den schönen Glockenturm (Gradski zvonik) ein. Viele Besucher bemerken diese großen Luftjäger gar nicht. Leider sind in den vergangenen Jahren zahlreiche Brutplätze durch unsachgemäße Renovierungsarbeiten verloren gegangen. Dies bedeutet nicht nur einen Schaden für den Naturschutz, sondern auch für das geschützte Kulturerbe, weil die für die Konstruktionsgeschichte wichtigen Löcher in den Wänden aus Nachlässigkeit oder Bequemlichkeit einfach versiegelt wurden.

Bild: M. Schneider-Jacoby

Dubrovnik.

Eine weitere interessante Örtlichkeit, die mit der Geschichte Dubrovniks verbunden ist, liegt zwischen Ston und der Stadt. Der besonders schöne Park in Trsteno war einst, ähnlich wie die Renaissance-Paläste auf den Inseln, der Sommersitz einer noblen Familie, die so der Hitze zwischen den Stadtmauern entfloh. Das Arboretum besteht bereits seit 1492. In diesem Jahr wurden auch die beiden riesigen Platanen an der Küstenstraße gepflanzt, die noch heute den Eingang zu der kleinen, zum Park führenden Straße markieren. Sie sind inzwischen also über 500 Jahre alt und jede hat einen Durchmesser von etwa fünf Metern. Auch das Aquädukt aus dieser Zeit ist noch immer in Gebrauch. Der Park ist 28 ha groß und bietet einen schönen Blick auf die Inselgruppe der Elaphiten. Sein dichter Baumbestand und mehrere Brunnen laden zu einer längeren Rast ein, bei der etwa 400 Pflanzenarten bewundert werden können. Die zahlreichen kleinen Wege durch die Haine mit ihren Palmen, Kakteen, Zitrus- und Eukalyptusbäumen machen den Aufenthalt für Besucher aller Altersstufen zum Erlebnis. Dagegen erfordert das Bestimmen der zahlreichen Vögel, die hier in der dichten Vegetation rasten, viel Geduld.

Bild: M. Schneider-Jacoby

Brunnen im Park von Trsteno.

Bild: M. Schneider-Jacoby

Die Pflanzenwelt

Die Pflanzenwelt

Eine Reise entlang der Adria ist besonders reizvoll, wenn man, je weiter die Küstenstraße nach Süden führt, dem Frühling entgegenfährt und dabei immer neuen, bereits in Blüte stehenden Arten begegnet. Das **Lockerblütige Knabenkraut** (Orchis laxiflora) blüht im Bojana-Buna-Delta schon Anfang April, während es zum Beispiel im Livanjsko Polje noch Ende Juni die Wiesen dunkellila färbt. In Montenegro blühen im Dezember die ersten **Schneeglöckchen** (Galanthus) oberhalb des Skutari-Sees, und im Januar stehen die **Krokus**wiesen (Crocus) dort in voller Blüte. Im März folgen die **Narzissen** (Narcissus) auf den Weiden und Wiesen der Velika Plaža bei Ulcinj.

Bilder: M. Schneider-Jacoby

Oben: Das hohe Lockerblütige Knabenkraut (Orchis laxiflora) kommt in Feuchtwiesen vor.
Unten: An Ostern blühen die Strauß-Narzissen (Narcissus tazetta) an der Velika Plaža.

Refugium während der Eiszeiten

In den Eiszeiten war die Adriaküste ein Rückzugsgebiet für Pflanzen und Tiere.

Obwohl sich das Mittelmeerklima bereits vor drei Millionen Jahren herausgebildet hatte, ereignete sich doch eine lange Serie von starken Klimaschwankungen. Etwa 100.000 Jahre dauerten die Zyklen von Erwärmung und Abkühlung. **Eichen**wälder waren während der letzten Eiszeit vor 12.000 Jahren auf eine schmale Zone um das Mittelmeer begrenzt. Und in den wenigen erhaltenen Auwäldern an der Adria, wie etwa auf der Insel Ada an der Bojana-Buna-Mündung, finden wir auch **Erlen** (Alnus glutinosa), **Stieleichen** (Quercus robur) und **Eschen** (Fraxinus angustifolia) aus den uns wohlbekannten mitteleuropäischen Wäldern, gemischt mit vielen typischen Baumarten des Mittelmeerraums.

Bild: M. Schneider-Jacoby

Eschen-Auwald an der Bojana-Buna-Mündung auf der Insel Ada.

Besondere Landschaften als Rückzugsgebiete gefährdeter Arten

Inselwelten voller Leben

Rund 1.200 Inseln und Felsen machen die Adria zu einer abwechslungsreichen Meereslandschaft (die Anzahl der Inseln schwankt je nach Autor und Quelle). Zu Montenegro gehören lediglich 14 Inseln, und in Slowenien wurden die beiden einzigen Inseln mit den Städten Koper und Izola überbaut und sind heute durch Auffüllungen zu einem Teil des Festlands geworden. Die meisten Inseln liegen in dem riesigen Archipel vor der kroatischen Küste. Obwohl davon nur 5 % (ca. 60 Inseln) bewohnt sind, ist dort der Druck durch die Menschen auf die Tierwelt groß, da heute alle Inseln leicht zu erreichen sind und jede kleine Bucht für den Tourismus erschlossen wurde. Eine großzügige Naturschutzplanung, die weite Meeresgebiete und viele, vor allem kleinere Inseln sperrt, wäre dringend nötig, fehlt aber noch immer völlig an der gesamten Ostküste der Adria. Entsprechend werden scheue Arten wie die **Mittelmeer-Mönchsrobbe** (Monachus monachus) nur äußerst selten - und auch dann nur vereinzelt - gesehen.

Ebenso fehlt an vielen Stellen ein ausreichender Schutz für Kolonien und Rastplätze der Meeresvögel. Dabei wären gerade auch für den Naturtourismus gut organisierte Schutzgebiete und große Vogelkolonien eine wichtige Attraktion. Selbst im Kornati-Nationalpark sind die Kernzonen viel zu klein und auf dem Meer kaum abgrenzbar. Zwar gibt es an einigen Stellen große Mittelmeermöwenkolonien mit über tausend Paaren und auch mehrere große Kolonien der **Krähenscharbe** (Phalacrocorax aristotelis), aber viele der seltenen Arten wie Gelbschnabel-Sturmtaucher, **Mittelmeer-Sturmtaucher** (Puffinus yelkouan; galt früher als Unterart des Schwarzschnabelsturmtauchers) oder **Korallenmöwe** (Larus audouini) sind nur ausnahmsweise zu sehen. Sturmtaucher entdeckt man am ehesten während der Überfahrt nach Vis oder Lastovo, indem man das Meer mit dem Fernglas absucht. Bei schlechtem Wetter halten sich diese Meeresvögel oft auch in der Nähe der Küste auf. Ansonsten lohnt sich das geduldige Beobachten des Meeres am Besten von einer Landzunge aus. Im März 2010 zählten Mitarbeiter von EuroNatur vormittags von der Insel Ada an der albanisch-montenegrinischen Küste aus 44.000 (!) Zugvögel. Zwischen ziehenden Enten waren auch **Basstölpel** (Morus bassanus), **Sumpfohreulen** (Asio flammeus), **Löffler** (Platalea leucorodia) und viele andere auszumachen.

Die Insel Ada ist ein idealer Ort für die Zugvogelbeobachtung (B6, S. 230). Sogar Delfine lassen sich manchmal sehen.

Bild: M. Schneider-Jacoby

Auch **Flussschwalben** (Sterna hirundo), **Zwergschwalben** (Sterna albifrons) und **Lachseeschwalben** (Sterna nilotica) würden von einem besseren Schutz der Brutplätze im Meer sehr profitieren. Selbst die auf Cres brütenden Gänsegeier sind durch Motorboote gefährdet, die immer wieder die Jungen erschrecken, so dass diese zu früh aus den Nischen springen und ins Wasser fallen. Die große Besonderheit der Inseln, der **Eleonorenfalke** (Falco eleonorae), brütet nur auf wenigen Felseninseln weit draußen im Meer - etwa auf Vis. Beobachten kann man ihn aber im Frühjahr und Sommer bei seiner Beutejagd zum Beispiel über den Feuchtgebieten der Inseln Krk und Pag oder am Strand des Bojana-Buna-Deltas. Die Brutzeit und Jungenaufzucht auf den Klippen im Meer findet erst im Herbst statt, denn die eleganten Jäger sind bei dem dann erhöhten Nahrungsbedarf auf Zugvögel angewiesen, die tagsüber einen Rastplatz in der weiten Wasserwüste suchen.

Wertvolle Flachwasserzonen: Deltas und Lagunen

Die Felsküste lässt von Natur aus nur kleine Schlickflächen und Salzmarschen zu, und viele dieser sowieso schon knappen, ökologisch wertvollen Flachwasserzonen sind inzwischen auch noch durch Auffüllung oder den Bau kleiner Häfen verloren gegangen. Deshalb haben die typischen Pflanzen solcher Standorte wie **Queller** (Salicornia spec.), **Strandflieder** (Limonium angustifolium) oder die **Stechende Binse** (Juncus acutus) nur an wenigen Stellen überlebt. Die kleinen Restflächen werden gerne von **Seidenreihern** (Egretta garzetta) und **Wasserläufern** zur Rast aufgesucht. Erst im Süden Montenegros ändert die Adriaküste ihren Charakter: Hier haben die Flüsse große Sedimentkegel ins Meer geschoben und vor den bis 2.700 m hohen Gebirgszügen ein flaches Vorland geschaffen.

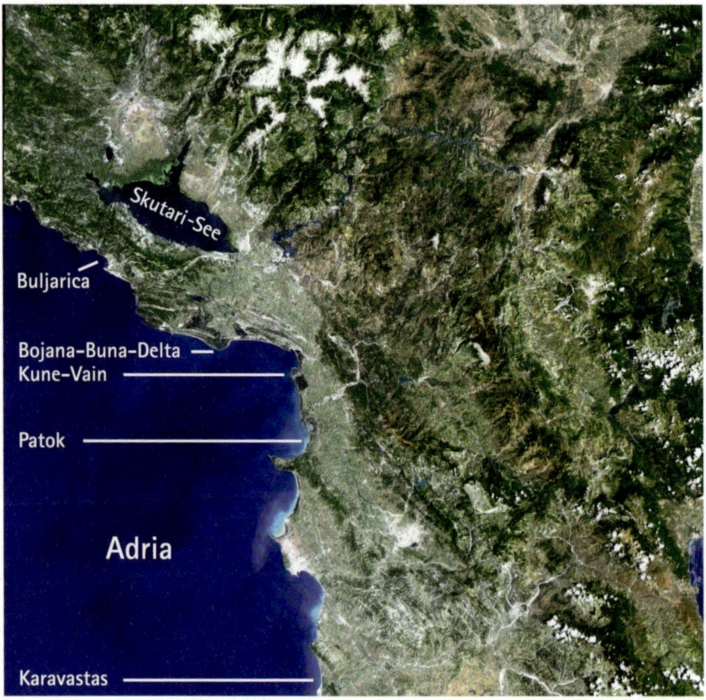

Bild: Landsat, Bearbeitung: Fluvius, K. Sauer

Im Bojana-Buna-Delta ändert sich die Form der Adria-Küste.

Brachschwalbe im Queller in der Solana Ulcinj.

Bild: T. Petras-Sackl

Für die Vogelwelt stellen die Lagunen mit ihren reichen Fisch-, Muschel- und Krebsbeständen wichtige Nahrungsgebiete dar. Sie entstanden durch Landzungen aus Flusssedimenten, die durch Meereswellen und Wind zu langen Dünenketten aufgeworfen wurden. An manchen Stellen hat dieser Prozess ganze Buchten vom Meer abgetrennt. Solche Nehrungen sind herausragende Naturgebiete mit vielen ökologischen Besonderheiten. Auf den offenen Sandflächen brüten zahlreiche hoch gefährdete Arten wie **Rotflügel-Brachschwalbe** (Glareola pratincola), **Seeregenpfeifer** (Charadrius alexandrinus) und **Triel** (Burhinus oedicnemus). Leider ist aber der Druck durch den Badetourismus so hoch, dass diese Brutvögel fast keine Chance mehr haben, am Strand ihre Jungen großzuziehen. Tatsächlich fehlt es an der gesamten Küste an Ruhe- und Schutzzonen für sie. Besonders ansprechend ist im Juli die Blüte der Dünen-Trichternarzisse oder **Meerstrandnarzisse** (Pancracium maritimum), die etwa an der Velika Plaza in Montenegro bei Ulcinj - obgleich bedrängt durch Autos und Parkplätze - immer noch schöne Vorkommen aufweist. Ähnliche Dünenlandschaften sind auch in wichtigen Schutzgebieten an der albanischen Küste noch erhalten geblieben, jedoch dort ebenfalls stark gefährdet.

Dünen-Trichternarzisse an der Velika Plaža.

Bilder: M. Schneider-Jacoby

Nehrung Velika Plaža – der große Strand im Süden Montenegros, dahinter die Solana Ulcinj.

Unverzichtbare Rückzugsgebiete für die gefährdeten Pflanzen und Tiere der Dünen- und Lagunenlandschaften sind heute die Salinen. In ihnen wurde der Landschaftsverbrauch gestoppt und der Zugang beschränkt. Wunderschöne Halophytenbestände (Salzpflanzen) breiten sich über mehr als 100 ha in der Saline Ulcinj (Montenegro) aus. Hier konnten auch Brachschwalbe, Triel, **Stelzenläufer** (Himantopus himantopus), Zwergseeschwalbe und **Blauracke** (Coracias garrulus) überleben, während der Tourismus den Strand Velika Plaza und die Dünen überrollt hat.

Ebenfalls besonders wichtig für Fauna und Flora sind die feuchten Wiesen im Übergangsbereich zwischen Meer und Hinterland. Im Bojana-Buna-Delta breiten sich zwischen Wiesen und Weideflächen große **Tamarisken**wälder (Tamarix spec.) aus. Bei Hochwasser im Winter und Frühjahr stehen weite Bereiche unter Wasser und werden anschließend zu **Orchideen**- (Orchis spec.) und Narzissenrasen. Auch an kleineren Feuchtgebieten entlang der Küste, so etwa auf der Insel Krk oder Pag, findet man immer noch wunderschöne Feuchtwiesen.

Bild: M. Schneider-Jacoby

Blühende Tamariskenwälder im Bojana-Buna-Delta.

Schwimmblattzonen und Röhrichte

Ausgedehnte Röhrichte finden wir heute noch an den Seen und im Neretva-Delta (Kroatien). Interessant ist, dass unter den Schilfflächen dicke Torfschichten lagern. Eine besondere Eigentümlichkeit sind Quadratkilometer große Torfinseln, die im Nordteil des Skutari-Sees schwimmen und auf denen nicht nur Schilf gedeiht, sondern sogar **Silberweiden** (Salix alba) wachsen. In diesem vor Hochwasser sicheren Bereich hat sich eine riesige **Kormorankolonie** (Phalacrocorax carbo) angesiedelt, in der auch noch immer einige wenige Paare des Krauskopfpelikans brüten. **Zwergscharbe** (Phalacrocorax pygmeus) und **Purpurreiher** (Ardea purpurea) gehören zu den weiteren Kostbarkeiten in den Röhrichten; auch **Beutelmeise** (Remiz pendulinus) und **Drosselrohrsänger** (Acrocephalus arundinaceus) sind regelmäßig anzutreffen. Den Ruf der **Großen Rohrdommel** (Botaurus stellaris) kann man heute bei Vid und am Kuti-See im Neretva-Delta hören. Weitere Brutplätze sind von Ždralovac im Livansjko Polje (Bosnien-Herzegowina) und dem Skutari-See bekannt.

Bilder: B. Stumberger

Blick über die Schwimmblattzone im Norden des Skutari-Sees.

Besonders interessant sind die großen Schwimmblattzonen, die etwa 30 km^2 der Fläche des Skutari-Sees bedecken - ein Lebensraum von geradezu tropischer Prägung. Derartiges findet man sonst nirgendwo in Europa. Hier ernährt sich im Sommer die **Vierstreifen-Natter** (Elaphe quatuorlineata) von den Eiern der **Weißbart-** (Chlidonias hybrida) oder Flussschwalbe. Die in Mitteleuropa fast ausgestorbene **Wassernuss** (Trapa natans) bildet dichte Teppiche. Gelegentlich wird sie in lokalen Restaurants als schmackhafte Beilage angeboten. Auch die Bewohner der Pfahlbausiedlungen am Bodensee schätzten schon vor mehreren tausend Jahren diese leckeren, nussartigen Früchte. Im kälteren Wasser der Karstseen im Neretva-Delta, wo die **Moorente** (Aythya nyroca) lebt, dominieren **Seerosen** (Nymphaea alba) und **Teichrosen** (Nuphar lutea) die Schwimmblattzonen.

Steppen, Trockenrasen und Garrigue

Durch natürliche Einflüsse wie karger Boden, Bura und Salzwassergischt kann an der Adriaküste an vielen Stellen kein Wald gedeihen. Hinzu kommt die Beweidung, die vielerorts eine Wiederbewaldung verhindert. Vor allem in Albanien ist die Landschaft noch immer durch starke Überweidung geprägt, während in den anderen Staaten eher die Erhaltung der letzten Herden und alten Haustierrassen - auch aus Naturschutzgründen - wichtig ist.

Bild: D. Kitonic

Weißbartgrasmücke (Sylvia cantillans).

Die Grasmückenarten teilen sich den Lebensraum am Mittelmeer (Widmer 2006).

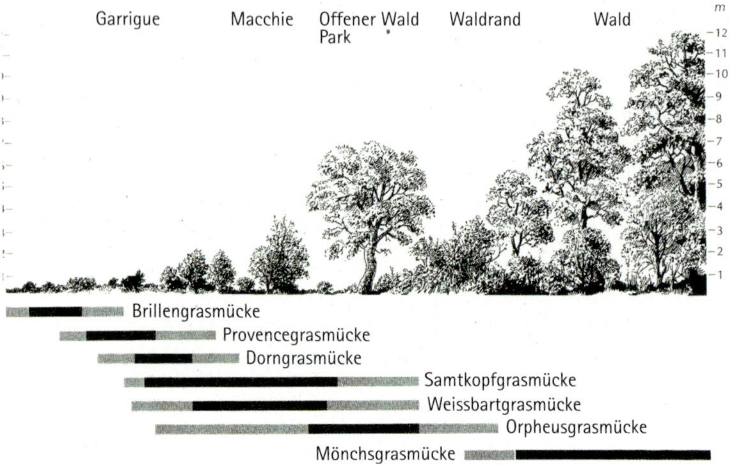

Graphik: Ornis 3/06

Besonders beeindruckend sind die weiten, durch Mauern und Felsen aufgelockerten Weidelandschaften auf den kroatischen Inseln. Oft bestimmt **Federgras** (Stipa pennata oder eriocaulis) den typischen Anblick. Aber in den Flächen mit Büschen, die als Garrigue bezeichnet werden, prägen Pflanzen wie **Salbei** (Salvia spec) oder **Ginster** (Genista spec) die Landschaft. Die Vogelwelt der weiten Täler ist beeindruckend: **Steinhuhn** (Alectoris graeca), **Heidelerche** (Lullula arborea), **Brachpieper** (Anthus campestris), **Steinrötel** (Monticola saxatilis), **Blaumerle** (M. solitarius), aber auch **Steinadler** (Aquila chrysaetos) und **Schlangenadler** (Circaetus gallicus) kommen hier vor. Ebenso jagt auch der **Steinkauz** (Athene noctua), der in alten Häusern brütet, gerne über der Garrigue.

Bilder: M. Schneider-Jacoby

Weite Garrigue-Landschaft mit Salbei auf der Insel Krk.

Offene, aufgelockerte Weidelandschaften sind Lebensraum des Brachpiepers.

Bild: T. Petras Sackl

In Slowenien wachsen viele der ursprünglichen Trockenrasen heute zu. Nur wo der kalkhaltige Karstboden durch die Bura offen gehalten oder noch gemäht wird, verwandeln die zahlreichen Blumen die trockene Karstlandschaft in ein Blumenmeer. Im Frühling erscheinen **Bergküchenschelle** (Pulsatilla montana) und **Schachblume** (Fritillaria orientalis), danach folgen zahlreiche andere Sträucher wie die **Pfingstrosen** (Paeonia officinalis) und Besonderheiten wie die **Feuerlilie** (Lilium bulbiferum) und **Blutrote Nelke** (Dianthus sanguineus). Besondere Duftpflanzen sind der **Weiße Diptam** (Dictamnus albus) und das **Winterbohnenkraut** (Satureja montana), das wie der Salbei einen Honig mit sehr spezieller Geschmacksnote ergibt. Ins Auge fallen die hohen, hellgrünen Dolden des **wilden Fenchel** (Foeniculum vulgare), und auch **Rosmarin** (Rosmarinus officinalis), das bei keiner Hochzelt in Kroatien als Schmuck am Kragen der Gäste fehlen darf, kommt wild in diesen Flächen vor. Im Frühjahr blüht an den steinigen Hängen entlang der Küstenstraße die **Dalmatinische Iris** (Iris pallida); heute wird sie oft kultiviert und auch zur Parfümherstellung benützt. Typisch für die Landschaft im Herbst ist das Rot des **Perückenstrauchs** (Cotinus coggygria) und der **Stahlblaue Mannstreu** (Eryngium amethystinum).

Weißer Diptam.

Adriatische Riemenzunge (Himantoglossu adriaticum).

Bilder: M. Schneider-Jacoby

Für Vogelfreunde besonders interessant sind die Steinsteppen im Hinterland des Skutari-Sees (auf albanischer Seite), wo - ähnlich wie in der Steinsteppe der Crau, die in Südfrankreich zwischen Alpen und Camargue gelegen ist - Zuflüsse aus den hohen Bergen weite karge Ebenen mit Geröll und Steinen aufgefüllt haben. Hier finden - außer extensiver Beweidung - kaum menschliche Nutzungen statt. Kleinflächig wird hie und da **Lavendel** (Lavandula) angebaut. Wo kleine Büsche und Bäume wachsen, kommen **Rotkopfwürger** (Lanius senator) und **Neuntöter** (Lanius collurio) vor. Besonders beeindruckend sind die klagenden Rufe der Triele am Abend und in der Nacht. Tagsüber erfreut dagegen der ständige Gesang der **Kurzzehen-** (Calandrella brachydactyla), **Hauben-** (Galerida cristata) und **Kalanderlerchen** (Melanocorypha calandra).

Steinsteppe am Nordufer des Skutari-Sees.

Bild: M. Schneider-Jacoby

Wälder und Macchie

Neben dem strahlenden Blau des Meeres und den blendend weißen Felsen ist es das wohltuende Grün der Wälder, das den Urlaub in der Adria-Landschaft so reizvoll macht. Besonders das Hellgrün der **Aleppo-Kiefer** (Pinus halepensis) hebt sich als harmonischer Kontrast über den Felsstränden ab. Seit der zweiten Hälfte des 19. Jahrhunderts wurden die Dünen und die kahle Karstlandschaft vielerorts aber auch mit **Schwarzkiefern** (Pinus nigra) aufgeforstet. Über weite Flächen der Küste und vor allem auf den Inseln wächst eine Mischung aus vielen verschiedenen Sträuchern und Bäumen. Diese Macchie ist extrem reich an verschiedenen Pflanzenarten. **Alpenveilchen** (Cyclamen), Orchideen aber auch zahlreiche aromatische Pflanzen wie der **Lorbeer** (Laurus nobilis) gedeihen im Schutz der **Eichen** (Quercus spec.) und Dornbüsche.

Europäisches Alpenveilchen.

Interesssant sind die Auwälder an der Küste. Bereits in dem im Neretva-Delta gelegenen Naturpark Hutovo Blato wachsen große Silberweidenwälder, die seltene Arten beherbergen wie etwa den **Mittelspecht** (Dendrocopus medius), den man hier wie in den Auwäldern an der Mündung der Bojana-Buna antrifft. In den Lagunen und Flussmündungen an der montenegrisch-albanischen Adriaküste haben sich noch Reste der natürlichen Vegetation gehalten. Landschaftlich besonders schön sind die Insel Ada-Bojana in Montenegro und ihr Spiegelbild auf der anderen Seite der Ländergrenze, das Reservat Velipoja in Albanien. Dichte Auwälder und Weidengebüsche bieten brütenden Wasservögeln wichtige Rückzugsgebiete. In den Eichen und Pappelwäldern an der Velika Plaza findet man sogar den **Schwarzspecht** (Dryocopus martius). Betrachtet man das Bojana-Buna-Delta vom Aussichtsberg Mozur oberhalb von Ulcinj aus, wirkt es wie ein großer Wald mit der Saline in der Mitte. Der in Europa sehr seltene **Kurzfangsperber** (Accipiter brevipes) liebt diese abwechslungsreiche Landschaft und kommt gleich in mehreren Paaren hier vor.

Blick vom Berg Možur (B12, S. 230) über das Bojana-Buna-Delta.

Bild: M. Schneider-Jacoby

Zwei besonders schöne Waldformen sind Teil der Kulturlandschaft an der Adria-Ostküste: **Olivenhaine** (Olea europaea) und Esskastanienwälder. Olivenhaine prägen fast die ganze Küste; von speziellem Reiz sind jedoch die alten Haine in Montenegro. Um die Stadt Stari Bar mit ihrer weit zurückreichenden Geschichte am Fuße des Rumija-Gebirges und vor allem westlich von Ulcinj um die Valdanos-Bucht gleichen die uralten Baumgruppen eher Märchenwäldern als Plantagen. Allein hier wachsen 80.000 solcher Olivenbaum-Veteranen.

Bild: M. Schneider-Jacoby

Uralte Esskastanien (Castanea sativa) am Südufer des Skutari-Sees (S12, S. 219).

Der alte Olivenhain bei Ulcinj.

Bild: M. Schneider-Jacoby

Bei einem Aufenthalt im Bojana-Buna-Delta lohnt sich der Besuch der Haine und der Ölmühle an der Straße vom Stadtzentrum Ulcinj nach Valdanos. Nicht weniger stimmungsvoll präsentieren sich die Esskastanienwälder am Skutari-See - einst seit der Römerzeit wegen ihrer nahrhaften und wohlschmeckenden Früchte angepflanzt, heute kaum mehr bewirtschaftet. Auf der kleinen Straße, die am Südufer entlang von Virpazar nach Vladimir und Ulcinj führt, fährt man kilometerlang durch den Wald mit den malerischen Baumveteranen, in dem je nach Jahreszeit Orchideen und farbenfrohe Teppiche von Krokussen blühen. Am schönsten aber sind die uralten Kastanien nahe der albanischen Grenze vor dem Pass in Richtung Meer.

Interessantes unterwegs: die Ölmühlen.

Bilder: M. Schneider-Jacoby

Bild: D. Nill

Die Tierwelt

Die Tierwelt
Säugetiere

Ein ungewöhnliches Tierstimmenkonzert erwartet den Besucher an der Adria-Ostküste, wenn die **Goldschakale** (Canis aureus) ihren abendlichen Chorgesang anstimmen. Das hohe, spitze Heulen der Schakale lässt sich mit etwas Übung leicht von dem der Hunde oder **Wölfe** (Canis lupus) unterscheiden. Es gibt mehrere Plätze, an denen die Tiere regelmäßig rufen, so etwa in der Gegend der Buljarica-Bucht (Montenegro) oder vor den Mauern des kroatischen Städtchens Ston. Auf der Insel Ada in Montenegro und im benachbarten albanischen Schutzgebiet Velipoja an der Mündung der Bojana-Buna rufen abends gar bis zu drei Rudel gleichzeitig. In jüngster Zeit hat die Art begonnen, sich nach Norden bis Mitteleuropa auszubreiten.

Wölfe und **Bären** (Ursus arctos) kommen eher im Hinterland vor. Doch gelangen EuroNatur sogar Nachweise von Bären am Strand im Bojana-Buna-Delta in Albanien. Auch in Kroatien kommt es gelegentlich vor, dass Bären aus den Bergen bis an die Küste herabsteigen und sogar zur Insel Krk schwimmen. Wie nah Gebirge und Meer sind, zeigen ebenso die Vorkommen der **Gämsen** (Rupicapra rupicapra) auf den Berggipfeln des an der Makarska-Riviera gelegenen Biokovo-Naturparks.

Bild: P. Wolf

Wolf.

Damit Wildtiere weiterhin zwischen der Küstenregion und dem Hinterland wandern können, wurden beim Bau der neuen Autobahn von Zagreb nach Rijeka und der Weiterführung nach Süden in Richtung Dubrovnik zahlreiche Querungshilfen eingebaut. Schon frühzeitig hatte Prof. Dr. Djuro Huber von der Universität Zagreb auf die dringliche Notwendigkeit hingewiesen und mit großem Engagement und in jahrelanger akribischer Arbeit, unterstützt von EuroNatur, um die besten Lösungen gerungen. Die Verantwortlichen hörten auf ihn und setzten einen Großteil seiner Konzepte um. Tatsächlich hat Kroatien bei diesen Autobahnprojekten beispielhaft auf den Schutz der wandernden Tierarten Rücksicht genommen. Besonders beeindruckend sind die durch Schilder an der Autobahn entsprechend gekennzeichneten Grünbrücken für Bären und Wölfe, die natürlich auch von zahlreichen kleineren Tieren genutzt werden. Djuro Huber kann mittlerweile belegen, dass die Querungshilfen von den Tieren gut angenommen werden: Im Durchschnitt wechselt 15mal täglich - bzw. besser pro Nacht - ein **Rothirsch** (Cervus elaphus), **Reh** (Capreolus capreolus), **Luchs** (Lynx lynx), Bär oder auch Wolf über diese Grünbrücken die Seite. Das ist natürlich auch für die Autofahrer sehr viel ungefährlicher, als wenn die Tiere die Fahrbahn queren würden. In Kroatien leben übrigens noch etwa 1.000 Braunbären.

Bild: M. Schneider-Jacoby

Grünbrücke mit Infotafel.

Auf verschiedenen Bergen und auch Inseln wurden **Mufflons** (Ovis ammon musimon) ausgesetzt. Die zu deren Schutz vor Raubtieren ausgelegten Giftköder töteten z.B. bei Stolac in den 90er Jahren mehrere Wölfe und Geier. Mufflons hielt man lange für endemische Wildtiere der Inseln Korsika und Sardinien. Es handelt sich aber um eine alte, nach der Eiszeit im Mittleren Osten domestizierte und im Mittelmeerraum weit verbreitete Haustierart, die inzwischen jedoch längst wieder verwilderte. Durch die Bejagung sind die Tiere überall sehr scheu und lassen sich selten blicken. Überhaupt kann man entlang der Adriaküste kaum wildlebende Säugetiere sehen, da der Jagddruck sehr hoch ist und sogar Schutzgebiete nicht vor Wilderern schützen.

Große Probleme bereiten **Wildschweine** (Sus scrofa), die auf den Inseln wie Cres mehr und mehr auch Hausgärten und alte Steinmauern verwüsten. Immer öfter stößt man auf ihre Spuren (umgebrochene Wiesen und Suhlen). Früher kamen hier keine Wildschweine vor. Die Jäger, die sie ausgesetzt haben, sind nicht in der Lage, die sich rasch vermehrenden Tiere in der üppigen Macchie zu kontrollieren.

Zahlreiche **Fledermausarten** (Microchiroptera) leben entlang der Küste in alten Häusern und Höhlen. Noch mehr werden es im Winterhalbjahr, denn der Karst bietet für zuwandernde Fledermäuse viele ideale Überwinterungshöhlen.

Nahe der Adriaküste gibt es verschiedene Delfinvorkommen, aber keines ist so gut erforscht und betreut wie das zwischen der Insel Lošinj und der Südspitze von Cres. Bereits seit über 20 Jahren arbeiten die Naturschützer von „Blue World" am Aufbau eines Meeresschutzgebietes. Ihre schöne Station liegt im Städtchen Veli Lošinj an der Südspitze der gleichnamigen Insel. Bei einem Aufenthalt auf den Inseln Lošinj oder Cres lohnt sich der Besuch des kleinen Informationszentrums auf jeden Fall, denn man erfährt hier viel über die Biologie und Erforschung der Delfine. Etwa 120 Tiere umfasst die Population des **Großen Tümmlers** (Tursiops truncatus). Anhand von Fotos der Rückenflossen werden bestimmte Tiere über Jahre hinweg nachgewiesen und die Anzahl der Individuen bestimmt. Bootsfahrer werden gebeten, die Delfine nicht zu verfolgen, sondern allenfalls nur langsam neben ihnen herzufahren.

Großer Tümmler.

Bild: Symbiosis / Göthel

Auch in anderen Abschnitten der Adria - etwa im Kornati-Nationalpark oder bei der Insel Vis - kann man vom Schiff aus Delfine sehen. Im südlichen Teil der Adria existiert nur ein kleines Vorkommen an der Mündung des Bojana-Buna-Flusses. Hier am Strand der Insel Ada oder der Velika Plaža kommen die Großen Tümmler oft ganz nah ans Ufer, um Fische zu jagen. Eine große Besonderheit ist ihr Vorkommen im Fluss selbst. In Europa gibt es sonst keinen einzigen Fluss, in dem Delfine beobachtet werden. Bis zu zehn Kilometer wandern die Großen Tümmler in der Bojana-Buna aufwärts. Die Einheimischen, die die Art gut kennen, beschreiben sogar vereinzelte Beobachtungen bis zu 35 km vom Meer entfernt. Das Vorkommen hat bis in die 90er Jahre vom strengen Schutz der Grenze profitiert. Doch leider fahren heute immer mehr Boote illegal über die mitten im Fluss verlaufende Ländergrenze oder fischen sogar mit Bomben oder Dynamit im Fluss, weil die Grenzpolizei immer weniger kontrolliert. Trotzdem lohnt es sich (vor allem außerhalb der Tourismussaison), die Augen offen zu halten. So tauchten die interessanten Meeressäuger zum Beispiel während der Zugvogelzählung auf der Insel Ada-Bojana im März 2010 mehrfach in Strandnähe auf. Andere Delfinarten wie der **Blau-Weiße** oder **Streifendelfin** (Stenella coeruleoalba) werden dagegen nur sehr selten gesehen.

Reptilien

Das Vorkommen und die teilweise hohe Dichte einiger Greifvogelarten beruht auf den guten Reptilienbeständen an der Adria. Nicht nur der Schlangenadler, sondern auch der Steinadler, der seltene **Habichtsadler** (Aquila fasciatus) und die **Bussarde** (Buteo sp.) ernähren sich an der kahlen Küste hauptsächlich von den großen Reptilien. Kleinere Arten wie der **Turmfalke** (Falco tinnunculus) erbeuten oft Eidechsen. Steinadlern dienen auch die häufigen **Griechischen Landschildkröten** (Testudo hermanni) zur Nahrung.

An der Adria sind die kühleren Jahreszeiten am Besten für das Beobachten von Reptilien geeignet, da diese sich im Sommer häufig in schattige Verstecke zurückziehen, um die große Hitze zu meiden.

Bild: M. Schneider-Jacoby

Der Scheltopusik wird auch Panzerschleiche genannt.

Die Hauptattraktion unter den Reptilien an der Adria-Ostküste ist auf jeden Fall der **Scheltopusik** (Pseudopus apodus), auch Panzerschleiche genannt. Die bis zu fast anderthalb Meter lange Echse aus der Familie der Schleichen ist leicht an ihrer Hautfalte an der Seite des Körpers zu erkennen. Die zurückgebildeten Beine werden höchsten zwei bis drei Millimeter lang.

Besonders im Süden Montenegros - zum Beispiel am Uferweg von der Altstadt Ulcinj zum Port Milena, der alten Mündung aus der Lagune mit der Saline - kann man im Frühjahr meist mehrere Exemplare beobachten. Im Neretva-Delta gelten diese Tiere trotz des schlangenartigen Aussehens als Glücksbringer; man setzt sie beim Hausbau auf das Grundstück, damit sie Ratten oder andere Schädlinge abhalten. Auch auf den Inseln Pag, Cres und Krk trifft man die eindrucksvollen Echsen an Karsthängen und Mauern an.

Glatte Straßen sind, wie für viele Schlangen, auch für den Scheltopusik ein großes Hindernis. Bei Fluchtversuchen kommen die Tiere nur sehr langsam voran und werden oft überfahren. Es ist deswegen wichtig, Rücksicht zu nehmen. Manche Möwen und Greifvögel sammeln die Straßenopfer ab. Besonders Mittelmeermöwen suchen oft die Strecken entlang der Küste ab. Für aufmerksame Beobachter kann sich das Anhalten lohnen, denn auch bei toten Tieren ist die Art meist noch feststellbar.

Bei Schlangen ist Vorsicht geboten, da Giftschlangen auch heute noch regelmäßig anzutreffen sind. In Kroatien kommen zum Beispiel 15 Schlangenarten vor, von denen drei giftig sind. Alle Vipern sind durch ihren kurzen, abgesetzten Schwanz gekennzeichnet und haben charakteristische Zickzackbänder auf dem Rücken. Es wird empfohlen, Schlangen in jedem Fall mit Vorsicht zu beobachten und nicht zu reizen. Während die **Kreuzotter** (Vipera berus) selten ist und eher in höheren Lagen lebt, trifft man die anderen beiden Vipern, **Hornotter** (Vipera ammodytes) und **Wiesenotter** (Vipera ursinii), auch entlang der Küste regelmäßig an.

Bild: M. Schneider-Jacoby

Die Hornotter ist entlang der Küste und im Karst verbreitet.

Das Beobachten von Schlangen gehört zu den Erlebnissen bei Spaziergängen in der Mittelmeerlandschaft. Es lohnt sich immer, alte hohle Baumstämme abzusuchen - möglichst schon von weiten mit dem Fernglas. Besonders schön sind die bis zu zwei Meter langen Vierstreifennattern. Auf den Inseln Cres und Krk, aber auch in den großen Sumpfgebieten wie im Neretva-Delta und auf dem Skutari-See, treten diese Schlangen regelmäßig auf. Ihre Jungtiere sind gefleckt wie die **Leopardnatter** (Elaphe situla). Die **Äskulapnatter** (Elaphe longissima), die ebenfalls eine Länge bis zu zwei Metern erreichen kann, liebt die Mosaiklandschaft aus Macchie, Mauern, alten Bäumen und offenem Trockenrasen. An den klaren Karstbächen kann man die in Mitteleuropa sehr seltene **Würfelnatter** (Natrix tessellata) finden. Ein hierfür besonders schöner Ort ist der Bach im Stadtgraben des Städtchens Ston direkt unter der Brücke in Richtung Saline. Dieser Bach liegt im Einfluss der Meeresschwankungen und viele Fische wandern ein und aus. Hier kann man zuschauen, wie die Würfelnattern auf dem Grund des Wassers liegen und nach den kleinen Fischen jagen. Gerade hier sind die Chancen für solch seltene Beobachtungen hoch, denn durch die vielen Besucher, die täglich die Brücke passieren, sind die Tiere an das Kommen und Gehen gewöhnt.

Bild: M. Schneider-Jacoby

Eine Vierstreifennatter sonnt sich in der Macchie der Insel Krk.

Leopardnatter.

Bild: M. Schneider-Jacoby

Der Star unter den Eidechsen ist die **Riesensmaragdeidechse** (Lacerta trilineata) in ihrem glänzend grünen, mit feinen schwarzen Sprenkeln versehenen Schuppenkleid. Sie ist relativ leicht zu entdecken, denn ausgewachsene Tiere erreichen eine Länge von über einem halben Meter, wobei der Schwanz mindestens so lang wie der übrige Körper ist. Nur selten liegt sie im Sommer auf Steinen. Wenn es heiß wird, ruht sie meist im Dickicht eines niedrigen, abgefressenen Dornbusches oder in den dichten Clematis-Ranken auf einer Mauer. Ähnlich wie bei der Vierstreifennatter sehen die Jungtiere ganz anders aus und sind durch ihre Fleckenzeichnung und drei Längsstreifen bestens getarnt. Auch die ebenfalls besonders schön gefärbte **Smaragdeidechse** (Lacerta viridis) kommt an der Küste vor und auf der Insel Cres in einer eigenen Unterart. Ihre Jungen haben zwei oder vier Längsstreifen.

Bild: M. Schneider-Jacoby

Riesensmaragdeidechse.

Darüber hinaus weist die Adriaküste noch viele andere Eidechsenarten auf, die man häufig an den Mauern und Felsen sehen kann. Allein in Kroatien leben zwölf Arten und auf den Inseln noch mehrere Unterarten. Sehr markant sind die **Prachtkieleidechse** (Algyroides nigropunctatus), mit ihrer auffallend blau-roten Zeichnung, die **Adriatische Mauereidechse** (Podarcis melisellensis) und die **Ruineneidechse** (Podarcis sicula). Viele dieser Arten kommen nur an der Adria vor. Die **Dalmatinische Spitzkopfeidechse** (Dalmatolacerta oxycephala) ist ein weiterer typischer Vertreter der östlichen Adriaküste und ihrer Inseln; nur im Tal der Neretva reicht ihr Vorkommen bis 80 km ins Hinterland hinein. Während sie auf den Inseln oft fast schwarz wirkt, leuchten am Skutari-See einzelne Exemplare blau – eine äußerst seltene Farbe bei Reptilien. Ebenso außergewöhnlich ist der blau-schwarz geringelte Schwanz. Mit ihrem kleinen Verbreitungsgebiet in Südkroatien, Bosnien und Montenegro ist diese besonders schöne Eidechse eine endemische Art für die Adriaküste. Beobachten kann man die Tiere schon ab Februar, sobald die Sonne scheint.

Prachtkieleidechse.

Adriatische Mauereidechse (Podarcis melisellensis).

Bilder: M. Schneider-Jacoby

Amphibien

Froschkonzerte überraschen den Wanderer auch an Stellen, wo man sie nicht erwarten würde, denn sie ertönen oft an Wasserstellen für das Vieh. Und diese Wasserstellen, die sogenannten „lokva", gibt es selbst in den trockensten Steppenweiden auf den Inseln. Jede „lokva" ist ein Feuchtgebiet für sich mit vielen Lebewesen und Pflanzen. So hört man manchmal selbst in den trockenen Karststeppen plötzlich Froschquaken oder den Triller der **Wechselkröte** (Bufo viridis). Diese hübschen grüngefleckten Tiere rufen auch in den Dünentälern des Bojana-Buna-Deltas, wo 13 verschiedene Amphibienarten gefunden wurden. Eine dieser Arten, der **Balkan-Wasserfrosch** (Rana shqiperica), kommt nur um den Skutari-See und im Bojana-Buna-Delta vor. Ebenso sind der **Feuersalamander** (Salamandra salamandra) und zwei Molcharten hier anzutreffen.

Bild: M. Schneider-Jacoby

Lokva auf Krk.

In den kleinen Wasserstellen (lokva) der Karstlandschaft lebt die Wechselkröte.

Bild: M. Schneider-Jacoby

Laubfrösche (Hyla arborea) sind überall häufig, wo es noch Feuchtgebiete gibt. Ihr vielstimmiges Konzert zwischen den Dünen oder an einem See ist für Naturliebhaber eine wahre Freude. Das Gleiche gilt für die verschiedenen Wasserfroscharten. Besonders groß wird der **Seefrosch** (Rana ridibunda), der auf dem Balkan oft gefleckt ist wie ein Leopard und nicht quakt, sondern am lautesten „keck – keck - keck" ruft.

Bild: M. Schneider-Jacoby

Laubfrosch in der Solana Ulcinj.

Seefrösche.

Bild: M. Jacoby

Im Neretva-Delta wandern Seefrösche immer noch in den traditionellen Eintopf, den „brudet" aus Tomaten und Fischen; tatsächlich ist die beliebteste Variante die mit **Aal** (Anguilla anguilla) und Seefrosch. Wer also keine Frösche essen möchte, muss bei diesem Gericht aufpassen und einen froschfreien Eintopf wählen. Empfehlenswert sind die sehr guten „brudets" mit Scampi oder Meeresfischen. Die Ramsar-Konvention lässt den „wise use" von Produkten aus Feuchtgebieten zu. Hierzu gehört auch der Verzehr von Fröschen. Vorgeschrieben ist aber, dass die Tiere nicht gequält werden und ein Managementplan den Schutz der Lebensräume sowie eine nachhaltige Nutzung der Bestände garantiert. Letzteres erfordert - neben der Kontrolle über die Einhaltung der Vorschriften - streng geschützte Bereiche, in denen keine Frösche und andere Tiere gefangen werden dürfen. Unter solchen Voraussetzungen könnte das traditionelle Froschgericht im Neretva-Delta und in den anderen Feuchtgebieten entlang der Küste vielleicht sogar dabei helfen, die bedrohten Lebensräume zu bewahren, denn noch immer wird im Neretva-Delta und selbst am Skutari-See die Trockenlegung großer Feuchtgebiete geplant.

Fische

Ähnlich wie bei den Amphibien finden sich auch kleine Fische in fast jedem Wasserloch an der Küste und auf den Inseln. Es sind **Gambusen** (Gambusia, meist G. holbrooki), lebend gebärende Zahnkarpfen, oft auch Moskitofische genannt. 1924 wurden die hervorragend an das Leben in sauerstoffarmem Wasser angepassten Fische zur Malariabekämpfung eingeführt. Noch heute wird zum Beispiel auf der Insel Krk kontrolliert, ob nach Regenfällen alle kleinen Wasserlöcher und Teiche mit diesen Fischchen besetzt sind. Ihr Einsatz ist nicht unumstritten, da sie nicht nur Stechmücken, sondern auch andere Kleinlebewesen fressen. Aber sie ersetzen die großflächige Ausbringung von Gift und gehören an der Adria bereits seit Jahrzehnten zum Bestand einzelner Gewässer.

Für Kroatien sind alleine 150 Arten von Süßwasserfischen beschrieben. In den Flüssen, die in die Adria fließen, existieren zahlreiche endemische Arten, die hier entstanden sind, als ihre Vorfahren zum Beispiel durch das Ansteigen des Meeres in einzelnen Flüssen isoliert wurden. So kommen 50 % der in der Krka lebenden Arten ausschließlich in diesem kleinen Verbreitungsgebiet vor. Sehr interessant sind die verschiedenen Forellenarten in den Mittelmeerflüssen, die auf die kalten Karstquellen angewiesen sind; so laichen mehrere endemische Arten im Neretva-Delta in den Quellen des Naturparks Hutovo Blato und wandern durch den Zufluss Krupa.

Der Skutari-See bietet mit seiner 150 km^2 großen Überschwemmungsfläche hervorragende Lebensbedingungen für den **Wildkarpfen** (Cyprinus carpio), den für die einheimischen Fischer wichtigsten Brotfisch am See. Die großen Fische werden entlang der Straßen angeboten und sind vor allem geräuchert eine köstliche Spezialität. Insgesamt wurden im Feuchtgebietssystem Bojana-Buna mit Delta 143 Fischarten erfasst, von denen 52 im Skutari-See vorkommen und 45 im 40 Kilometer langen Bojana-Buna-Fluss, der eine natürliche Verbindung zwischen dem Skutari-See und dem Meer herstellt und ein idealer Lebensraum für wandernde Arten ist. Leider müssen die früher hier heimischen drei **Störarten** (Accipenser) bereits als ausgestorben gelten, weil die Bestände in den turbulenten Jahren des Machtwechsels in Albanien überfischt wurden und bis heute eine effektive Kontrolle der Fischerei fehlt.

Das Meer an der Mündung der Bojana-Buna bietet Fischen eine ideale Kinderstube. Die Flachwasserzone mit der guten Nährstoffzufuhr und dem planktonreichen Wasser wird aber auch gern von Seeschwalben, Möwen, Tauchern und Kormoranen aufgesucht. Im Prodelta, dem Flachwasser vor der Mündung, fangen die lokalen Fischer aus Ulcinj und Velipoja auch viele seltene Arten, die in den Restaurants angeboten werden. Zu diesen zählen der **Steinbutt** (Psetta maxima) und die **Seezunge** (Solea vulgaris). Ebenso gehören Scampi und Tintenfische zu den Spezialitäten. Wie überall an der Küste macht sich aber zunehmend die überwältigende Konkurrenz großer Fischfangschiffe bemerkbar. Der einstige Überfluss ist im Schwinden begriffen.

Deshalb kann Fischessen an der Adria teuer sein. Für eine Mahlzeit als Genuss ohne Reue empfiehlt es sich - falls der Fisch nicht schon als Portion mit fixem Preis angeboten wird - vorher das Gewicht abzustimmen, damit man den Preis überschlagen kann.

Bild: M. Schneider-Jacoby

Lokaler Fischer in Velipoja (Bojana-Buna-Delta / Albanien) mit großem Steinbutt.

Insekten

Zu lauen Sommerabenden am Mittelmeer gehört das ständige, gleichmäßige Zwitschern der **Singzikaden** (Cicadidae). Doch so häufig und lautstark dieses Konzert in der Nähe von Bäumen auch die Abendstunden untermalt, bedarf es doch einigen Geschicks, die rindenfarbigen Sänger auf einem Kiefernast zu entdecken, denn der schwirrende Gesang lässt sich, ähnlich wie bei mancher Vogelart, schlecht orten. Kommt man einer Zikade dann zu nahe, fliegt sie - leise knatternd - schnell davon zu einem neuen Versteck. Den wenigsten Urlaubern ist allerdings bewusst, dass die fleißigen Sänger - ähnlich wie unsere Maikäfer in Mitteleuropa - die meiste Zeit ihres Lebens unter der Erde verbringen. Vier Jahre braucht die Larve, ehe sie das Erdreich verlässt. Dann schlüpft die ausgewachsene Zikade, um nur wenige Wochen während eines einzigen Sommers in den Hainen am Meer ihr markantes Lied erschallen zu lassen. Nach der Paarung werden die Eier in die Rinde eines Baumes gebohrt; die Larve fällt zu Boden und eine neue Generation beginnt.

Bild: P. Sackl

Ein Leckerbissen für Bienenfresser: die großen Singzikaden.

Hirschkäfer (Lucanus cervus).

Gottesanbeterin.

Bilder: M. Schneider-Jacoby

Bei der Suche nach seltenen Insekten wird man oft fündig in den großen, nur extensiv genutzten Weiden, auf denen - frei von Dünger und Spritzmitteln - eine reiche Insektenwelt erhalten blieb. Lohnend sind auch die weiten Buschflächen der Garrigue und die Mähwiesen. Eine der Raritäten, die man in Mitteleuropa nur noch selten antrifft, ist der **Östliche Schmetterlingshaft** (Libelloides macaronius), ein auffallend wendig über die Blumen schwirrendes Insekt, das sich ähnlich wie Libellen von anderen Insekten ernährt. Die Larven ähneln mit ihren Zangen denen des **Ameisenlöwen** (Myrmeleontidae). Anders als dieser bauen sie aber keine Sandtrichter, in denen sich andere Arten verfangen. Zu den vielen exotisch anmutenden Insekten gehört die **Mittelmeerstabschrecke** (Bacillus rossius). Stabschrecken leben bevorzugt in trockenem Buschland, den steppenartigen Weiden mit ihren Steinmauern oder an Waldrändern. Ihre bevorzugte Nahrung sind Blätter von Rosen oder **Brombeeren** (Rubus). Da sich die Tiere kaum bewegen, sind sie mit ihrer gut angepassten, je nach Untergrund grünen bis braunen Tarnfärbung schwer zu entdecken. Das selbe gilt auch für die **Gottesanbeterinnen** (Mantis religiosa), die an den verschiedene Disteln und Sträuchern am Rande der offenen Steppen- und Graslandschaften auf kleinere Insekten lauern.

Über die Trockenrasen schwirrt der Östliche Schmetterlingshaft.

Bild: M. Schneider-Jacoby

Für die zahlreichen insektenfressenden Vögel, von denen viele in Mittel- und Nordeuropa im Bestand zurückgehen, sind reichliche Vorkommen großer Insekten als Nahrungsquelle wichtig. Dies gilt insbesondere auch für **Schwarzstirnwürger** (Lanius minor), Neuntöter, **Wiedehopf** (Upupa epops) und Blauracke. Wegen der erstaunlichen Menge an Großinsekten können die Blauracken in der Saline Ulcinj sogar bis zu sechs Junge aufziehen. Schwarzstirnwürger finden reichlich Laufkäufer, die sie auch in Deutschland vor ihrem Aussterben dort auf dem Speisezettel hatten. Erstaunlich sind die beträchtlichen Mengen an **Laubheuschrecken** (Tettigonioidae), zu denen **Sattelschrecken** (Ephippigerinae), **Warzenbeißer** (Decticus verrucivorus) und andere Beißschrecken gehören. Auf den Brombeerbüschen oder entlang den Steinmauern sitzen häufig mehrere dieser großen Heuschrecken auf kleinstem Raum. Sogar die auffallende **Ägyptische Wanderheuschrecke** (Anacridium aegypticum) ist überall entlang der Küste zu finden, bildet hier aber keine Schwärme wie in Afrika. Mit einer Länge von oft mehr als fünf cm und ihren marmorierten Augen ist sie ein recht eindrucksvolles Insekt und dazu eine gute Mahlzeit für einen großen Vogel wie etwa einen Steinkauz.

Der Vogelzug über die Adria

Wer einmal im Osterurlaub in Kroatien Gelegenheit hatte, die Löffler zu beobachten, wie sie nach einer zweitägigen Rast am Velo Blato auf der Insel Pag am frühen Morgen aufbrechen, um über das Meer und das Velebit-Gebirge in den Naturpark Lonjsko Polje zu fliegen, ist fasziniert vom Vogelzug über die Adria. Die einmalige Landschaft in Verbindung mit den zahlreichen Vogelarten aus ganz Europa, die hier in den verschiedensten Feuchtgebieten rasten, macht die Küste von Slowenien bis Albanien zu einem unvergleichlichen Urlaubserlebnis. Doch die Erforschung des Vogelzuges an der Adria steht noch in den Anfängen. Während bereits die ersten Windkraftwerke gebaut werden (wie dies leider auf der kroatischen Insel Pag in der Mitte des besten Gänsegeier-Gebietes geschehen ist) und weitere in Planung sind (beispielsweise auf der traumhaft schönen Halbinsel Karaburun zwischen der Adria und dem Ionischen Meer in Albanien), kennt man noch nicht einmal die Größe und Zusammensetzung der riesigen Vogelströme über diesem Teil des Mittelmeeres. Noch unverständlicher und problematischer ist, dass selbst in neuester Fachliteratur die großen und wichtigen Rastgebiete an der östlichen Adriaküste weitgehend unerwähnt bleiben - ein Umstand, der die Schutzbemühungen enorm behindert.

Vieles deutet auf zwei Hauptzugrichtungen an der Adria-Ostküste hin: Die eine führt über das offene Meer in südwestlicher Richtung und die andere entlang der Küste nach Süden bzw. Südosten.

Bild: P. Sackl

Ziehende Löffler.

Tagzug über das Meer

Vor dem anstrengenden Flug über das offene Meer nutzen viele der am Tag ziehenden Vögel die Aufwinde im Bereich der Küste, um sich dort noch einmal möglichst kraftsparend in die Höhe schrauben zu können. Deshalb werden die Vogelströme am Tag durch Inseln und markante Berge an einzelnen Stellen stärker konzentriert. So fliegen zum Beispiel **Wespenbussarde** (Pernis apivorus) Anfang September die Insel Lastovo aus verschiedenen Richtungen an, denn hier finden sie eine günstige Thermik vor ihrem Weiterflug nach Italien. Weil es aber zahlreiche entsprechend geeignete Abflugplätze entlang der Adria-Ostküste und viele hohe Berge direkt am Meer gibt, fächern sich die Zugvogelströme im Herbst über die gesamte Adria-Ostküste - von der Spitze Istriens bei Pula bis zur Karaburun-Halbinsel in Albanien - auf. Das macht es von vornherein sehr schwierig, die Größenordnung des Tagzuges über die Adria festzustellen. Und bisher sind überhaupt noch an keinem Ort der Küste Zugvögel systematisch über lange Zeiträume hinweg erfasst worden.

Warum ziehen so viele Vogelarten jedes Jahr so weit nach Norden? Die Antwort ist einfach: Sie nutzen die langen Sommertage, um in der Taiga oder Tundra Europas oder Asiens ihre Jungen aufzuziehen. Den Vogeleltern fällt es leichter, genug Nahrung für vier bis acht hungrige Schnäbel zu sammeln, wenn sie 18 oder sogar 24 Stunden am Tag Licht haben (im Vergleich zu nur zwölf Stunden am Äquator). Doch gerade hoch im Norden tauen die Seen und Flüsse erst im Juni auf und bereits Ende September ist die Saison schon wieder zu Ende. Der Vorteil, hoch im Norden zu brüten, muss also mit den Anstrengungen und Gefahren des Vogelzugs nach Süden bezahlt werden.

Es sind nicht viele Zugwege, die Vögel aus Asien und Europa nach Afrika einschlagen. Einer über Spanien und Gibraltar nach Westafrika, einer über den nahen Osten nach Ostafrika, und dann noch der Zugweg über die Adria, Süditalien, Sizilien und Malta nach Tunesien und weiter über die Sahara in die Sahelzone. Zehntausende Kraniche aus Finnland ziehen zum Beispiel nach Süden über Ungarn, dann weiter über den Balkan die Adria hinunter bis nach Tunesien. EuroNatur hatte schon seit den 90er Jahren zunehmend Hinweise auf große Anzahlen durchziehender Vögel an der kroatischen Adria gefunden, und begann dann seit 2003 im Rahmen des Projektes „Adriatic Flyway" (Adriazugweg) gezielt Informationen über diesen Zugweg zu sammeln. Auf dieser Strecke liegen sehr viele wunderschöne, vergessene Naturgebiete, die jetzt in diesem Buch vorgestellt werden.

Das EuroNatur-Projekt „Adriatic Flyway" wird von mehreren Organisationen unterstützt. So hat die MAVA-Stiftung 2009 die erste Vogelschutzkonferenz nach 20 Jahren in den Staaten des ehemaligen Jugoslawien gefördert. Ebenso half sie, die ornithologische Erforschung des Livanjsko Polje, des Neretva-Deltas und des Skutari-Sees mit dem Bojana-Buna-Delta zu finanzieren. Die Lufthansa fördert seit vielen Jahren die Zugvogelschutzprojekte von EuroNatur, und die Ludwig-Raue-Gedächtnisstiftung hat die EuroNatur-Kampagne „Tatort Adria", die das Projekt "Adriatic Flyway" begleitet, unterstützt.

Bild: M. Schneider-Jacoby

ZIehende **Kraniche** (Grus grus) auf dem Weg in ihre Brutheimat in Finnland.

In jedem Fall lohnt sich von Ende August bis Ende November an der gesamten östlichen Adria-Küste die Besteigung eines schönen Aussichtspunktes. Auch falls sich Zugvögel gerade rar machen sollten, wird man, bei gutem Wetter mit leichtem Wind und Sonne, sicher durch die großartige Landschaft und den weiten Blick über das Meer entschädigt. Ende August und Anfang September stellen sich zuerst die Wespenbussarde ein, aber auch **Wiesen-** (Circus pygargus) und **Rohrweihen** (Circus aeroginosus), **Schwarzmilane** (Milvus migrans), **Sperber** (Accipiter nisus) und Turmfalken lassen sich sehen. Später im Jahr folgen **Ringeltauben** (Columba palumbus), Kraniche und **Mäusebussarde** (Buteo buteo). Interessanterweise sind einzelne Arten im Frühjahr häufiger als im Herbst. So ziehen etwa die **Rotfußfalken** (Falco vespertinus) aus Ungarn in Richtung Naher Osten ab und fliegen im Frühjahr über den Adriazugweg wieder zurück; bis zu 1.000 dieser schönen Vögel rasten dann oft gleichzeitig im Hinterland der Adria wie zum Beispiel im Duvanjsko Polje (Bosnien und Herzegowina) im Mai 2010.

Bild: M. Sarac

Rastende Rotfußfalken im Duvanjsko Polje.

Tagzug entlang der Küste

Viele Arten entscheiden sich je nach Wetter oder individuell, ob sie über das Meer fliegen oder der Küste entlang ziehen. Ein gutes Beispiel ist der **Würgfalke** (Falco cherrug). Die neuesten Daten von Vögeln aus Ungarn zeigen sehr schön die zwei verschiedenen Strategien. Von den sieben Vögeln, die 2009 Sender trugen, zogen drei nach Südwesten ab: einer direkt nach Italien über die Adria, die anderen beiden an der Adriaküste entlang nach Süden und dann über das Mittelmeer. Viele Vogelarten versuchen aber nur dem Winter auszuweichen oder wagen es nicht, über große offene Wasserflächen zu fliegen; diese ziehen dann entlang der Küste nach Süden. Zu ihnen gehören Lerchen, Finken und Drosseln, die im Spätherbst zu Hunderten entlang der Küste nach Südosten fliegen, um der Kälte zu entfliehen.

Ebenso nehmen zahlreiche Greifvögel den Zugweg entlang der Küste. Im September ziehen Schwarzstörche, Schwarzmilane und Rohrweihen langsam entlang der Velika Plaža bei Ulcinj zur Mündung des Bojana-Buna-Flusses. Mit Glück kann sich im September auch mal ein **Rötelfalke** (Falco naumanni) unter die Zugvögel mischen. Wespenbussarde - und später im Herbst Mäusebussarde - schließen sich an. Kleinvögel wie Pieper und Lerchen fliegen im November in einem endlosen Band den Strand entlang. Bei Kälteeinbrüchen folgen **Sing-** (Turdus philomelos) und **Misteldrosseln** (Turdus viscivorus), Finken und Ammern an diesem Abschnitt der Küstenlinie.

Bild: D. Kitonic

Die Singdrossel rastet an der Neretva-Mündung.

Viele Vogelarten ziehen nachts

Noch immer weiß man wenig über den nächtlichen Vogelzug an der Adria-Ostküste. Alle Beschreibungen enden an der italienischen Küste, und Karten wie die des Schweizer Vogelforschers Bruderer geben nur einen Hinweis über den verdichteten Breitfrontzug über die Adria im Herbst. Daran beteiligt sind große und kleine Vogelarten und es lohnt sich, am Ende des Sommers auf die ankommenden und abfliegenden Vögel zu achten. Besonders schön ist es im September, wenn am frühen Morgen die **Nachtreiher** (Nycticorax nycticorax) einfallen, um eine Ruhepause an der Küste nahe Dubrovnik oder auf der Halbinsel Pelješac in einem dichten Wäldchen einzulegen. In der Abenddämmerung sind dann wieder die verschiedenen hohen „gag"-Rufe der Alt- und Jungvögel zu hören, und mit etwas Glück kann man den kleinen Trupp von dreißig bis fünfzig Vögeln in Richtung Italien oder Nordafrika aufbrechen sehen. Auch die Kraniche, die im November hin- und im März wieder zurückfliegen, sind in der Nacht durch ihre Rufe gut auszumachen.

Bild: D. Kitonic

Nachts ziehende **Braunkehlchen** (Saxicola rubetra) rasten an der Adriaküste.

Die zahlreichen Kleinvögel allerdings entgehen unseren Augen, wenn sie in großer Höhe das Meer überqueren. Nur vor der Scheibe des Vollmondes ist es möglich, einzelne Zugvögel in der Nacht zu zählen. Aber die Zahlen der beringten Rohrsänger im Naturpark Vransko Jezero und auf der Halbinsel Pag geben uns doch einen Anhaltspunkt über das riesige Einzugsgebiet der wenigen Schilfgebiete an der Adriaküste. Von 2001 bis 2005 konnte das Beringer-Team um Jelena Kralj am Vransko Jezero und Kolansko Blato 9.785 Drosselrohrsänger, 27.879 **Teichrohrsänger** (Acrocephalus palustris) und 11.162 **Schilfrohrsänger** (Acrocephalus schoenobaenus) beringen. Die Letzteren kommen aus Norddeutschland, Skandinavien und dem östlichen Mitteleuropa und erholen sich hier an der Adria, ehe sie weiter in die Sahelzone ziehen.

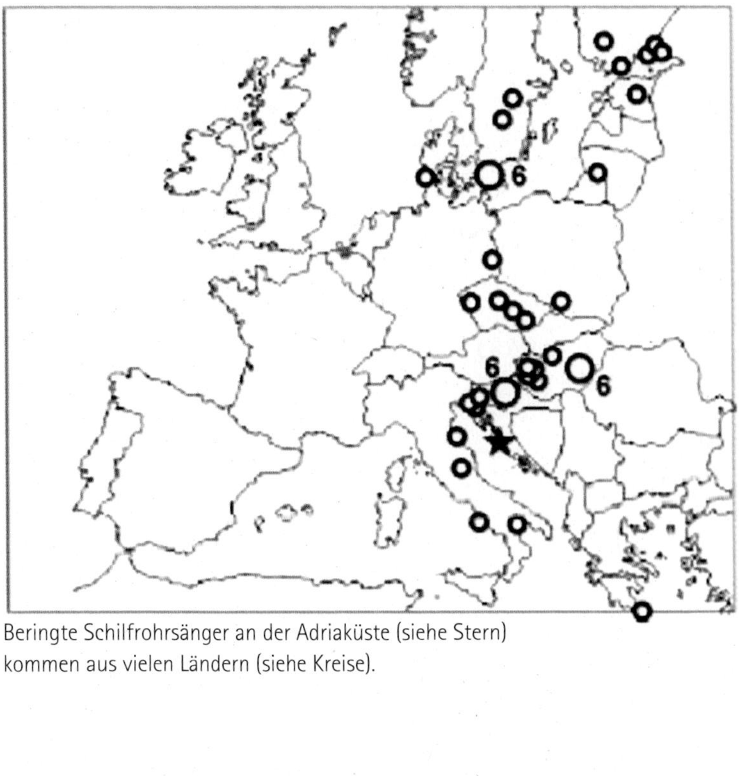

Karte: Kralj et al. 2007

Beringte Schilfrohrsänger an der Adriaküste (siehe Stern) kommen aus vielen Ländern (siehe Kreise).

Wie viele Vögel fliegen über die Adria?

Von den 1,3 bis 2,6 Milliarden Vogelpaaren in Europa überwintert ungefähr ein Viertel in den Lebensräumen südlich der Sahara. Es sind also rund zwei Milliarden Brutvögel und ihre Jungen, die jedes Jahr auf dem Zug das Mittelmeer überqueren. Ob **Grauschnäpper** (Muscicapa striata) oder Wespenbussard, **Kampfläufer** (Philomachus pugnax) oder **Uferschnepfe** (Limosa limosa), **Dorngrasmücke** (Sylvia communis) oder **Schafstelze** (Motacilla flava) - sehr viele unserer europäischen Vögel sind über mehrere Monate im Jahr auf die afrikanischen Rast- und Nahrungsgebiete im Sahel angewiesen. Die meisten dieser Arten verbringen insgesamt sogar mehr Zeit in Afrika und auf dem Zug als bei uns in Mitteleuropa. Nach den großen Dürreperioden in den 80er Jahren haben sich glücklicherweise die Überwinterungsbedingungen im Sahel durch mehr Regenfälle wieder verbessert.

Doch vom Vogelzug über den Balkan auf der zentraleuropäischen Zugroute oder dem großen Mittel- und Schwarzmeer-Zugweg wissen wir nicht viel. Teilweise liegt dies auch daran, dass die Naturschutzverbände in den Folgestaaten des ehemaligen Jugoslawien noch im Aufbau sind. Nur in Slowenien betreut die Vogelschutzorganisation DOPPS bereits Schutzgebiete. In Albanien sind die Naturschutzorganisationen immer noch sehr jung und es gibt fast keine Vogelkundler. Dabei liegt die Balkanhalbinsel mit Sicherheit im Zentrum des Vogelzuges in das südlich der Sahara liegende Nigerbecken mit seinem riesigen Binnendelta.

Zwischen den Brutgebieten im äußersten Norden Europas, in Skandinavien oder in der Tundra und Taiga Russlands bis in die Winterquartiere im Sahel liegen häufig 7.000 km und mehr - eine Strecke, die kaum mit einem Flug ohne Zwischenstopp geschafft werden kann. Und da viele Arten auch bei der Zugrast ihren spezifischen Lebensraum benötigen, ist bei vielen der Engpass für ihr Überleben zwischen dem Brutgebiet und dem afrikanischen Überwinterungsgebiet zu suchen. Besonders für Wasservögel sind geeignete Nahrungsplätze und Rastgebiete sehr knapp. Darunter leidet beispielsweise der schöne rostbraune **Sichelstrandläufer** (Calidris ferruginea), der auf dem Heimweg zwischen Westafrika und seinen Brutplätzen in der küstennahen, arktischen Tundra direkt über die Balkanhalbinsel fliegt.

Im Mai halten sich manchmal über 3.000 dieser kleinen Strandläufer in der Solana Ulcinj (Montenegro) auf, und auch an wenigen anderen Vogelrastplätzen an der Küste, wie etwa an der Neretva-Mündung in Kroatien, können sie auftauchen. Meist zeigen sie keine Scheu, da in ihrer Heimat hoch im Norden, wo das Eis erst im Juni aufzutauen beginnt, kaum Menschen leben.

Bild: P. Sackl

Kampfläufer.

Erholung zwischen Sahel und Taiga

Mit Sicherheit sind es mehrere Millionen Zugvögel, die zwei Mal jedes Jahr auf die Rastplätze an der Adriaküste angewiesen sind. Ziel der großen Vogelschwärme, die aus Europa über die Adria ziehen, ist Nordafrika und vor allem die Sahelzone. Es mag verwundern, dass ausgerechnet die Sahelzone, mit der man im Allgemeinen das Bild extremer Dürreperioden verbindet, für viele Wasservögel unserer Breiten das wichtigste Überwinterungsgebiet darstellt. Doch gibt es in dieser Region, die im Übergangsbereich zwischen der Sahara und dem Regenwaldgürtel liegt, stellenweise auch reichlich Wasser. Gerade rechtzeitig für die gefiederten Wintergäste liegt das Maximum der Überschwemmung des Niger im November. Einzelne Arten wie die **Knäkente** (Anas querquedula) sammeln sich hier aus dem ganzen eurasischen Raum. Durchschnittlich überwintern 100.000 bis zu fast einer Million Knäkenten allein im Binnendelta des Niger, während es im Sahel insgesamt alljährlich rund 1,3 Millionen sind. Sie alle fliegen im Frühjahr zurück in ihre Brutgebiete, und unterwegs benötigen sie Rastplätze. Doch auch Kleinvögel wie die Schafstelzen überwintern im Sahel und rasten auf dem Rückweg an der Adria. Entsprechende Massenauftreten von Schafstelzen sind von der Ostküste der Adria nachgewiesen worden: bis zu 20.000 rasten allein in der im Süden Montenegros gelegenen, nur 14,5 km^2 großen Solana Ulcinj!

Bei einer Vogelzählung am 22. März 2006 schätzten Borut Stumberger und Damijan Denac die Zahl der Knäkenten im Bojana-Buna-Delta auf 20.000: In der Saline Ulcinj konnten sie 8.279 rastende Knäkenten ausmachen, weitere 1.000 in anderen Teilgebieten des Deltas, und entlang der Küste zogen 10.000 Knäkenten (1.500 Vögel pro Stunde). Im Bojana-Buna-Delta zählte man zur gleichen Zeit neben den Knäkenten 4.263 Uferschnepfen, 656 **Brandenten** (Tadorna tadorna), 4.355 Kampfläufer und fast 10.000 **Alpendstrandläufer** (Calidris alpina). Insgesamt rasteten an diesem Tag mindestens 40.000 Wasservögel auf dem Frühjahrszug an der Adria - einmalige Zahlen, die beweisen, wie wichtig die Rastplätze für die aus Afrika ankommenden Vögel sind. Grund für die in diesem Jahr besonders großen Vogelansammlungen war die Vogelgrippe: Jäger und Wilderer hatten Angst, die Vögel anzufassen, und so fiel in diesem Frühjahr kaum ein Schuss. Endlich konnten sich die Zugvögel hier einmal in Frieden ausruhen. Die eindrucksvollen Zahlen belegen aber auch, dass die intensive Vogeljagd tatsächlich stark in die Bestände einzelner Arten eingreift, die auf diese Rastplätze angewiesen sind. Bei der Knäkente gibt BirdLife nur noch 390.000 Paare für ganz Europa an. Im März 2006 erholten sich demnach also rund 1 % aller rückkehrenden Knäkenten gleichzeitig im Bojana-Buna-Delta vom Flug über Sahara und Mittelmeer.

Bild: D. Kitonic

Bis zu 20.000 Uferschnepfen rasteten bis Ende der 70er Jahre des 20. Jahrhunderts am Nordufer des Skutari-Sees.

In mehreren Gegenden der Adria-Ostküste sammeln sich große Wasservogeltrupps, wobei der Skutari-See (im Grenzgebiet von Montenegro/Albanien) mit über 300.000 Wasservögeln sicher ihr wichtigstes Rastgebiet darstellt. Aber noch vor hundert Jahren wurden auch für das Neretva-Delta (Kroatien) ähnliche Bestände beschrieben; heute sind es wegen der Wilderer nicht einmal mehr 10.000. Dagegen ist der Vransko Jezero bei Zadar durch seinen guten Schutz schon wieder Ziel von mehr als 100.000 überwinternden Vögeln. Auch der südöstliche Teil des Livanjsko Polje, der Buško Blato, wird im Herbst regelmäßig von 50 bis 70.000 Wasservögeln aufgesucht. Sehr wertvoll sind die slowenischen Schutzgebiete, da hier im Winterhalbjahr durch die umfassende Jagdruhe Tausende Möwen, Enten und sogar Gänse rasten, und schon im Sommer lassen sich immer viele **Schwarzkopfmöwen** (Larus melanocephalus) und Zwergscharben aus nächster Nähe betrachten.

Bild: D. Kitonic

Auch die Drosselrohrsänger suchen die wenigen Schilfgebiete an der Adria zum Rasten auf.

Bild: M. Schneider-Jacoby

Schutz und Gefährdung

Schutz/Gefährdung

Gefährdung und Schutz

Die Schönheit der Landschaft an der östlichen Adriaküste in Verbindung mit dem Meer und einem interessanten Kulturerbe ist die Grundlage für den Tourismus, einem wichtigen Wirtschaftsfaktor. Aber auch für die Wirtschaftsentwicklung allgemein sind dies Pluspunkte, denn für die Ansiedlung hochwertiger Firmen, die Arbeitsplätze schaffen und gut ausgebildete Mitarbeiter brauchen, wird die Lebensqualität vor Ort in Zukunft ebenso eine große Rolle spielen. In Koper in Slowenien hat man bereits erkannt, wie wichtig die verbliebenen Feuchtgebiete sind, und das Naturreservat vor der Stadt ist sehr beliebt als Ausflugsziel für die Naherholung.

Bild: I. Brajnik / DOPPS-BirdLife Slovenia

Anschaulicher Biologieunterricht: Naturbeobachtung in Slowenien.

Verlust der Feuchtgebiete

Seit gut einem Jahrhundert werden die Küstenlinien durch menschliche Eingriffe intensiv verändert und dabei vor allem Flachwasserbereiche des Meeres aufgefüllt und zerstört. Während Salinen – sowohl historische als auch moderne wie die Solana Ulcinj in Montenegro oder die Saline bei Narta in Albanien – die ehemaligen Lagunen noch immer als Feuchtgebiete bewahren, sind zahlreiche andere Feuchtlebensräume entlang der Küsten in den vergangenen 100 Jahren verschwunden. Nach Recherchen von EuroNatur wurden allein in den letzten 60 Jahren drei Viertel der Fläche in den wichtigen Feuchtgebieten an der Ostküste der Adria stark geschädigt oder vernichtet.

Bild: G. Schwaderer

Blick über den Drin von der Rosafa-Burg in Shkodra.

Fest steht, dass jeder weitere Lebensraumverlust die Zugvögel auf dem Adriatic Flyway empfindlich trifft. Für die langfristige Existenz vieler Arten würde nicht einmal die Erhaltung des Status quo ausreichen. Umso dringlicher ist deshalb die Forderung von EuroNatur nach schnellen und deutlich verstärkten Anstrengungen zum optimalen Management der verbliebenen Gebiete, die Renaturierung von Feuchtgebieten an der östlichen Adria und die Ausweisung von Jagdbanngebieten an den wichtigsten Vogelrastplätzen. Ein erfreuliches Beispiel, wie dies gelingen kann, gibt das Schutzgebiet Škocjanski Zatok in Slowenien.

Immer beengter wird der Raum für Zugvögel im Neretva-Delta (Blick von Opuzen).

Bild: M. Schneider-Jacoby

Stattdessen aber greift in vielen Gegenden der Adria-Ostküste seit dem Ende der kommunistischen Ära eine nicht nachhaltige Entwicklung von Tourismus, Landwirtschaft und Wasserwirtschaft um sich. Da gibt es zum Beispiel in Ulcinj (Montenegro) Bestrebungen, einen großen Hotelkomplex mitten in die Dünen hinter dem langen Sandstrand „Velika Plaža" zu bauen. Auch die geplante Vergrößerung und die Neuanlage von intensiv bewirtschafteten Mandarinen-Plantagen in den Röhrichten des Neretva-Deltas geben Anlass zur Sorge. Staustufen und Kiesgewinnung in natürlichen Flussläufen führen an vielen Stellen zur Erosion der Flussbetten und steigender Hochwassergefahr. Durch Uferverbauung und Kanalisierung verschwinden wichtige Brutplätze von Uferschwalbe (Riparia riparia), Triel, Austernfischer (Haematopus ostralegus) und Flussuferläufer (Actitis hypoleucos). Besonders stark wirken sich die Wasserkraftwerke auf den Transport von Sedimenten im Fluss aus, die sich dann auf dem Boden der Stauseen ablagern. Der Effekt auf Strände und Küstenlinie ist dramatisch. Wenn Sand und Geröll nicht mehr durch den Fluss zum Meer getragen werden, beginnen die Strände und Dünen zu erodieren. Wind und Wellen tragen den Sand ab, und bald verschwinden Wälder, aber auch Tourismussiedlungen im Meer.

Bild: M. Schneider-Jacoby

Auf der Insel Ada im Bojana-Buna-Delta reißt die Erosion die ersten Häuser ins Meer.

Vogeljagd

Beklagt man den Rückgang mittel- und nordeuropäischer Vogelbestände, darf man ihre vielfältige Abhängigkeit vom Vogelzug über die östliche Adriaküste nicht vergessen. Bei einigen seltenen Vogelarten bedroht die Jagd an der Adria-Ostküste sehr direkt die mitteleuropäischen Bestände, wie durch die Arbeit von EuroNatur in den letzten Jahren immer deutlicher wurde. So erfuhr man etwa von zwei beringten Wiedehopfen aus Brandenburg, an der Küste Albaniens abgeschossen aufgefunden. Tatsächlich verzeichnete BirdLife einen rapiden Rückgang der Zugvögel in Ländern, die im Norden und Nordosten des Adriatic Flyways liegen. Ein trauriges Beispiel dafür ist die Moorente, deren wichtige Rastgebiete wie das Neretva-Delta oder das Velipoja-Reservat jedes Jahr durch Jäger zur Todesfalle werden. Besonders gravierend wirkt sich der Bestandsrückgang der Moorente in ganz Mitteleuropa auf die Restvorkommen im Osten Deutschlands und in Polen aus.

Die Jagdunterstände an den Stränden in Montenegro wurden 2009 verboten.

Bilder: M. Schneider-Jacoby

Kraniche wagen es nicht, an der Küste zu rasten, und fliegen 50 km weit ins Binnenland: Ziehende Kraniche im Nikšićko Polje (Montenegro) auf über 600 m Meereshöhe.

Knäkente.

Bilder: R. Martin

Die Knäkente ist eine der Arten, die durch die Bejagung bis in den März hinein besonders empfindlich getroffen werden. Ohne den Schutz vor den Jägern wagen sich die Vögel nicht an Land und fliegen vor der Küste auf und ab. Und genau in ihren Brutgebieten nördlich des Adriatic Flyways kommt es auch zu den größten Bestandseinbrüchen bei der Knäkente in Europa seit 1990: in Deutschland und Estland sind es 20 bis 29 %, in Litauen und Norwegen 30 bis 49 % und in Finnland sogar 60 %.

Aber nicht nur Zehntausende Knäkenten, auch Moor-, Löffel- (Anas clypeata) und Spießenten (A. acuta) harren so entlang der Küste auf dem offenen Meer und warten auf eine Chance nach Europa einzureisen. Von der Küstenstraße von Split über Dubrovnik bis Ulcinj sieht man im März auf dem Meer immer wieder mehrere Hunderte, oft sogar Tausende Enten.

Hier sind sie Wind und Wellen ausgesetzt, können keine Nahrung suchen und haben auch kein Trinkwasser. Gleichzeitig konnte das EuroNatur-Team Mitte März 2009 in den von der Naturausstattung her idealen und geschützten Rastgebieten wie etwa im Neretva-Delta nur drei Knäkenten, dagegen zahlreiche Jagdverstecke zählen. In Montenegro waren überall Jäger direkt am Strand platziert. Unter diesen Umständen bleibt den Zugvögeln nach einer erzwungenen, wenig erholsamen Rast auf dem Meer nichts anderes übrig, als irgendwann ohne Nahrungsaufnahme weiter über die Dinariden zu ziehen. Grausamer könnten sich die Störungen an den Rastplätzen nicht auf Zugvögel auswirken.

Moorenten.

Bild: P. Sackl

Bild: Tiefenbach

Zwergstrandläufer (Calidris minuta).

Bild: P. Sackl

Rotschenkel (Tringa totanus).

Netzwerk von Schutzgebieten

Trotz der Schilderung der wirklich sehr gravierenden Probleme durch Vogeljagd und Zerstörung von Feuchtgebieten zeigt dieser Naturreiseführer aber auch bereits eine Hoffnung für die Zukunft der Zugvögel in Europa: ein Netzwerk von sicheren Rastgebieten entlang der Adria-Ostküste. Es gibt nämlich durchaus auch positive Entwicklungen, die, wenn weitere energische Schutzmaßnahmen folgen, Aussicht auf Erfolg haben. Im Livanjsko Polje in Bosnien engagieren sich inzwischen die Vereinten Nationen mit einer Million US-Dollar für die Renaturierung dieses größten Moorgebietes auf dem Balkan. EuroNatur hatte bereits 2003 auf Grundlage seiner Feldstudien den dringenden Bedarf für ein solches Projekt angemahnt. Kroatien hat inzwischen fast seine gesamte Küste als nationales ökologisches Netzwerk (CRO-NEN) ausgewiesen, das mit dem Beitritt in die Europäische Union Natura-2000-Gebiet werden soll. Man darf also hoffen, dass dann der illegalen Landnahme im Neretva-Delta bald ein Ende gesetzt wird. Und auch Montenegro hat sich verpflichtet, in Vorbereitung des nationalen Natura-2000-Netzes entsprechende Schutzgebiete auszuweisen. Dank der von EuroNatur erhobenen Daten stehen die hierfür wichtigsten Bereiche an der Küste fest und wurden vom Zentrum für Vogelschutz und Monitoring des Landes (CZIP) bereits veröffentlicht.

Bild: M. Schneider-Jacoby

Die abgetorften Teile des Kranichsumpfs im Livanjsko Polje sollen wieder renaturiert werden.

Das EuroNatur-Projekt „Adriatic Flyway" hat inzwischen das Augenmerk vieler internationaler Akteure auf die Naturschätze, aber auch auf die drängenden Naturschutzaufgaben an der östlichen Adria gelenkt. Es wurden konkrete Maßnahmen zur Lösung der Probleme und zur naturverträglichen Entwicklung erarbeitet, die sowohl den Zugvögeln als auch der Bevölkerung eine positive Perspektive eröffnen. Die Stiftung EuroNatur und ihre engagierten Mitarbeiter vor Ort werden mit ihrem oft ehrenamtlichen Einsatz, mit der Unterstützung ihrer Spender und gemeinsam mit vielen nationalen und internationalen Partnern weiter alle Hebel in Bewegung setzen, um die letzten Rastplätze unserer Zugvögel am Adriatic Flyway und europaweit zu erhalten. Dieser Naturführer stellt diejenigen Gebiete vor, die sowohl für die Zugvögel von großer Bedeutung sind, als auch in Zukunft für den Naturtourismus eine wichtige Rolle spielen können.

Bilder: M. Schneider-Jacoby

Schutzgebiete sind notwendig um die Vogelrastgebiete zu bewahren. Kitesurfer stören die Zug- und Brutvögel an der Neretva-Mündung.

Tourismus als nachhaltige Nutzung

Dieser Naturreiseführer wirbt für die östliche Adriaküste als eine der schönsten Tourismusdestinationen in Europa. In ihren abwechslungsreichen, artenreichen und zauberhaften Landschaften mit ihren geschichtsträchtigen Städten und Dörfern finden insbesondere Vogelfreunde, aber auch alle anderen Menschen, die mit offenen Sinnen durch die Welt gehen, ungewöhnlich vielfältige Erlebnis-, Naturbeobachtungs- und Erholungsmöglichkeiten.

Viele der einzigartigen Lebensräume am Fuße des Dinarischen Gebirges sind in den vergangenen 20 Jahren durch die Kriege auf dem Balkan nahezu in Vergessenheit geraten. Dabei waren der Skutari-See und das Neretva-Delta schon vor über hundert Jahren berühmt unter den Vogelkundlern in Europa, und das Landesmuseum in Sarajevo war ein Zentrum der Vogelforschung. Doch nicht nur Vogelbeobachter, sondern auch andere Reiselustige zog es früher bereits südwärts die Adriaküste hinunter bis zur albanischen Grenze. Ein Beispiel bietet die kleine montenegrinische Gemeinde Ulcinj im Bojana-Buna-Delta, deren Einwohner bis 1990 von den zahlreichen, übrigens fast ausschließlich deutschen Gästen, profitierten. Erst nachdem diese ausblieben und damit eine dringend benötigte Einnahmequelle versiegte, erfolgten Eingriffe in die zuvor gut geschützten Gebiete wie die Dünenlandschaft der Velika Plaza. Und die Vogeljagd lebte auf. Als Devisenbringer tauchten immer mehr italienische Jäger auf, die - in ihrem Heimatland zunehmend durch die Umsetzung der EU-Vogelschutzrichtlinie in ihrem zweifelhaften Vergnügen eingeschränkt - nun anderswo nach billigen Möglichkeiten suchen, um ihr blutiges Hobby auszuleben.

Bild: M. Schneider-Jacoby

Besonders im Frühjahr und Herbst lohnt sich die Vogelbeobachtung an der Adria wie hier im Naturpark Hutovo Blato.

Eine ähnlich üble Entwicklung ist auch in anderen küstennahen Gegenden festzustellen. Wie sehr die Zugvögel in den letzten Jahrzehnten allein in den für sie besonders wichtigen Gebieten Livansjko Polje, Neretva-Delta und Skutari-See mit Bojana-Buna-Delta gelitten haben, zeigt u.a. ein Vergleich der aktuellen Wasservogelzählungen von EuroNatur mit den historischen Daten. Danach sammelten sich im Neretva-Delta vor 100 bis 150 Jahren noch mehrere Hunderttausend Enten, und am Skutari-See waren es bis Ende der 1990er Jahre noch 300.000 Wasservögel. Dagegen konnten in den Jahren 2007 bis 2010 im Neretva-Delta zu Zugzeiten maximal noch 6.102 und am Skutari-See 71.264 Wasservögel gezählt werden. Trotz alledem ist die Ostküste der Adria noch immer für 24 europäische Wasservogelarten - so etwa Krauskopfpelikan, Zwergscharbe, Knäkente oder Weißbartseeschwalbe - von internationaler Bedeutung. Dies erklärt sich auch durch die spezielle geografische Konstellation: die direkt hinter der Küste steil aufragenden Berge des Dinarischen Gebirges, das parallel entlang der gesamten Küstenlinie verläuft, wirkt in beide Zugrichtungen als Barriere. Deshalb ergibt sich an der Küste im Herbst eine letzte Rastgelegenheit vor der Überquerung des Mittelmeers in Richtung Süden und im Frühjahr der einzige mögliche Zwischenstopp nach der Meeresüberquerung und vor der Überwindung der Gebirgskette. So finden Vogelbeobachter an dieser Küste hervorragende Bedingungen, wie sonst in nur wenigen Gegenden der Welt. Und hierin liegt auch eine gute Chance für eine naturverträgliche Tourismusentwicklung, die so große Bedeutung hat für die Erhaltung der schützenswerten Landschaften.

Wichtiger als immer mehr Betten und immer mehr Gäste in der Hochsaison wäre es nun, eine gleichmäßigere Auslastung der bestehenden Tourismusunterkünfte über die Jahreszeiten zu erreichen. Und gerade Natur- und Kulturtourismus bieten die beste Möglichkeit, die Saison über die warmen Sommermonate hinaus zu verlängern. Grundlage dafür ist aber, dass der Massenbetrieb in der kurzen Sommersaison nicht weiter die schöne Landschaft zerstört. Noch weist die Küste zahlreiche zauberhafte Abschnitte auf, deren Besuch das ganze Jahr über sehr lohnend ist.

Bild: M. Schneider-Jacoby

Reiseinformationen

Allgemeine Hinweise und Tipps für Besucher

Jahreszeiten

Ab 20. Juni und vor allem im Juli und August ist Hochsaison an der Adria. Auch die Einheimischen haben dann - wie in südlichen Ländern üblich - lange Sommerferien. Wegen der Hitze ist der Aufenthalt am Meer oder auf den Inseln am angenehmsten. Es kann aber auch reizvoll sein, eine Unterkunft im Hinterland oder den Küstengebirgen zu suchen und nur ab und zu ans Meer zu kommen. Zwar ist der Hochsommer für die Vogelbeobachtung lange nicht so lohnend wie Frühjahr oder Herbst, doch kann man trotzdem auch in dieser Jahreszeit viele Vögel sowie eine große Anzahl sonstiger interessanter Tiere und Pflanzen sehen. Eine Augenweide sind zum Beispiel die an der Velika Plaza (Montenegro) blühenden Strandnarzissen (Pancratium maritimum).

Bild: M. Schneider-Jacoby

Blick über die Salzwiesen in der Saline Ulcinj im Spätsommer.

Besonders schön präsentiert sich die Landschaft im Frühling. Aber im März und April kann es manchmal auch heftig stürmen und das Wasser ist nicht immer warm genug zum Baden. Doch dann entschädigt die Blütenpracht entlang der Küste. Und weil nur wenige Urlauber hier sind, ist es besonders ruhig und erholsam. Zugvögel rasten bis in den Juni hinein in allen Feuchtgebieten. Auch Reptilien lassen sich im Frühjahr, wenn es noch nicht so heiß ist, viel besser beobachten als im Sommer.

Wespenbussard.

Bild: A. Limbrunner

Ebenso hat der Herbst seine Vorteile. In der Regel ist das Wasser im Meer bis in den November hinein schön warm. Ausnahmen sind Wetterlagen mit Bura-Wind. Der Perückenstrauch (Cotinus coggygria) und viele andere Pflanzen färben die herbstliche Küstenlandschaft. Der Vogelzug beginnt bereits Ende August mit den Wespenbussarden und zieht sich bis in den Winter. Ab Anfang September sinken bereits die Preise und man kann sich die besten Zimmer aussuchen.

Ebenso sind die Jahreszeiten mit gemäßigteren Temperaturen - also Frühjahr und Herbst - für Besichtigungen von Städten und Kulturdenkmälern sowie Wander- oder Radurlaub viel angenehmer als der Hochsommer.

Der Winter ist eher etwas für hartgesottene Vogelbeobachter. Aber die jährliche Wasservogelzählung an der Adriaküste ist – auch wenn es noch immer Probleme mit Vogeljagd und Wilderei gibt - wirklich ein Erlebnis. Die Adriaküste bietet gerade in der kalten Jahreszeit Rastplätze für Zehntausende Gänse, Enten, Kraniche und viele Greifvögel, die für Ornithologen aus ganz Europa interessant sind. Wir hoffen, dass es gelingt, auch in den Wintermonaten bald attraktive Naturreiseangebote zu schaffen, bei denen Hunderttausende überwinternde Wasservögel beobachtet und gezählt werden.

Bild: D. Kitonic

Stelzenläufer.

Anreise

Viele Urlauber reisen mit dem Auto an die Adriaküste. Dies hat Vorteile, wenn man unterwegs öfter anhalten und Reiseziele abseits der üblichen Tourismusrouten besuchen will. Durch Österreich hilft ein Autoreisezug ab Feldkirch, die weite Strecke zu überwinden. Auf der Fahrt entlang der Adria laden eine reizvolle Landschaft und zahlreiche interessante Naturlebensräume zum Rasten ein. Empfehlenswert für eine erholsame Rast ist zum Beispiel die Autobahnraststation „Krka" in Kroatien, die bei einem Test der europäischen Automobilclubs auf den zweiten Platz kam. Sie bietet einen traumhaften Blick auf das Städtchen Skradin an dem Fjord, der in den Krka-Nationalpark führt. Von den Felsen direkt am Rastplatz hat man eine herrliche Aussicht auf die Bucht „Prokljansko jezero". Unter der Autobahnbrücke brütet eine große Kolonie des Fahlseglers (Apus pallidus); vom Rastplatz aus kann man die Vögel gut von oben sehen. An der ersten Autobahnstation in Kroatien oberhalb Rijeka befindet sich ein Tourismusbüro, in dem es u.a. Informationen und Karten zum Kvarner Archipel gibt.

Bild: M. Schneider-Jacoby

Unter der Autobahnbrücke brütet eine große Kolonie des Fahlseglers.

Kosten für die Benutzung der Autobahnen werden in Slowenien wie in der Schweiz und Österreich über eine Vignette abgerechnet, die recht teuer ist. Allerdings hat die Vignette den Vorteil, dass damit auch die in Italien und Kroatien bei viel Verkehr üblichen Staus an den Zahlstellen wegfallen. Es empfiehlt sich, die Vignette vor dem Zoll in Österreich zu kaufen. Umgehen kann man die Vignette kaum, da überall neue Autobahnabschnitte gebaut werden und Kontrollen recht häufig sind. Nur wer über Istrien nach Italien weiterfahren will, kann die Benutzung einer Mautstrecke vermeiden, wenn er am Schutzgebiet Škocjanski Zatok um das Horn von Ankaran nach Triest fährt.

In Kroatien ist die Maut für die Autobahn hoch. Wer Zeit hat und die Landschaft liebt, kann hier aber auch die alten Straßen benutzen. Zum Beispiel führt eine Strecke von Karlovac über die Plitvicer Seen zur Küste. Ebenso ist es interessant, der Straße über Gračac zu folgen, um an der Höhle „Cerovačke špilje" vorbei nach Knin und an der Cetina entlang nach Sinj zu gelangen. Von Knin aus lohnt sich ein Abstecher über Grahovo in Bosnien und durch das Livanjsko Polje. Auch in Bosnien gibt es einige landschaftlich schöne Nebenstrecken zur Küste. Wer zum Beispiel die Route über das Livanjsko Polje nehmen möchte, kann von den Plitvicer Seen über Bihać, Petrovac, Drvar und bis Grahovo fahren. Die Strecke ist gut ausgebaut und führt durch herrliche Karstlandschaften.

Bild: M. Schneider-Jacoby

Fahrten durch das Hinterland zur Adriaküste bieten immer wieder schöne Landschaftseindrücke wie hier der Blick von der Straße von Livno nach Tomislavgrad auf die Vrilo-Quelle.

Bei der Einreise nach Montenegro wird eine Ökosteuer erhoben, die bisher zehn Euro pro Jahr und PKW beträgt. Wohnmobile zahlen mehr. Die Weiterfahrt nach Albanien ist unproblematisch; in den letzten Jahren wurden in beiden Ländern zahlreiche Straßen und Grenzübergänge besser ausgebaut. Nur am Südufer des Skutari-Sees gibt es keinen Grenzübergang.

Wer mit dem Flugzeug oder der Bahn kommt und einen Leihwagen mieten möchte, recherchiert besser gleich von zu Hause aus. In Albanien sind Leihwagen relativ teuer. In Montenegro oder Kroatien gibt es dagegen teilweise günstige Angebote. Wer die Nachbarländer bereisen will, sollte nach der Grünen Versicherungskarte fragen und sich ausdrücklich danach erkundigen, ob sie zur Einreise in die Länder berechtigt, die man bereisen möchte. Letzteres ist auch bei Anreise mit eigenem PKW zu klären.

Das Schienennetz ist leider nur sehr unvollkommen und stammt überwiegend aus der Zeit, in der die Länder mit Österreich verbunden waren. So fährt der Zug von Pula (Kroatien) heute noch über Ljubljana (Slowenien) nach Zagreb, während für den Autoverkehr ein Tunnel durch das Učka-Massiv nach Rijeka und weiter nach Zagreb gebaut wurde. Trotzdem kann man in einige Küstenorte wie Bar, Split oder Rijeka mit dem Zug fahren und kommt von dort gut mit Bus oder Fähre weiter. Nach Montenegro gibt es eine Zugverbindung über Belgrad.

Die kroatischen Inseln erreicht man bei Anreise mit der Bahn gut mit Schiffen von Rijeka oder Split aus. Seit 1947 werden die Fähren zu den Inseln durch die Reederei Jadrolinija betrieben (www.Jadrolinija.hr). Auch für die Fahrt zu einer Insel oder einfach für einen Tagesaufenthalt auf dem Meer bieten diese Schiffe die günstigste Gelegenheit. Zum Beispiel kann man für 11 bzw. 22 Kuna (1,5 bzw. 3 €) von der Insel Lošinj oder Cres zu der kleinen Insel Susak aufs Meer hinausfahren. Von allen größeren Orten an der Küste in Kroatien, Montenegro und Albanien gibt es ein gut ausgebautes Netzwerk von Fährverbindungen nach Albanien.

Blick von der Fähre zur Insel Korčula.

Bild: M. Schneider-Jacoby

Fahrrad fahren wird mehr und mehr populär an der Küste und auch auf Inseln wie Cres oder Krk. Montenegro wirbt mit einer „Biking-Karte" um Gäste. Viele kleine Straßen und auch Gebiete wie das Neretva-Delta sind auch wirklich ideal zum Rad fahren und so die Natur zu genießen. Die Fahrt entlang der Küste ist aber kaum ohne lange Strecken auf den Hauptverkehrsstraßen zu bewältigen - immer im Konflikt mit Lastwagen und Rasern. Ein Fahrradweg entlang der Adria wäre ein Traum, doch bisher ist die Vision der European Cyclists' Federation, einen Mittelmeerfahrradweg von Triest bis Athen einzurichten, leider noch nicht Wirklichkeit geworden. Trotzdem lohnt es sich, bei den Tourismusbüros der einzelnen Länder nach den neuesten Informationen und Kartenmaterial zu fragen, da Radwege immer öfter beim Straßenbau berücksichtigt werden.

Unterkünfte

Übernachtungsmöglichkeiten entlang der Adriaküste gibt es viele. Wer jedoch in der Hochsaison reist, sollte die Unterkunft trotzdem rechtzeitig vorher reservieren, denn im Sommer können die Zimmer im einen oder anderen Ort ausgebucht sein. Im Winterhalbjahr schließen viele Hotels und Pensionen, aber die wenigen, die geöffnet haben, bieten in dieser Zeit oft günstige Rabatte an. Auch im Mai kann man bei den privaten Ferienwohnungen noch vor verschlossenen Türen stehen. Private Zimmer bekommt man jedoch in der Vor- und Nachsaison problemlos.

Kartenmaterial

Es empfiehlt sich, vor der Reise eine gute Straßenkarte zu kaufen und die Fahrt in die Gegenden, die man besuchen will, im Voraus zu planen. Detailliertes Kartenmaterial ist zum Teil schwierig zu erhalten. Aber die Insel Krk gibt zum Beispiel eine Mappe mit Wanderwegen für die ganze Insel umsonst an Gäste ab. In manchen Schutzgebieten sind Übersichtskarten bei den Informationsstellen der Schutzgebietsverwaltungen erhältlich. Für den montenegrinischen Teil des Skutari-Sees gibt es eine von der GTZ geförderte Wanderkarte. Sehr aufschlussreich ist auch ein Blick auf google earth, da auf den Satellitenbildern oft schöne geografische Details in den einzelnen Gebieten zu sehen sind.

Sicherheit

Bosnien und Herzegowina

Bei Reisen in diese Länder wird wegen fortbestehender Minengefahr empfohlen, die befestigten Straßen nicht zu verlassen. Hinweise auf minenverseuchte Gebiete finden sich auf der Webseite http://www.bhmac.org/en/ und eine Karte dazu unter http://www.bhmac.org/en/showpic.daenet?slika=167 .
Es ist wichtig, auf den Wegen zu bleiben und nicht querfeldein ins Gelände zu gehen.

Von Nachtfahrten ist wegen ungenügender Straßenmarkierungen und des häufig schlechten Straßenzustands abzuraten.

Die Landeswährung „Konvertible Mark" wird zum festen Kurs von 1,- Euro = 1,95583 KM entsprechend der alten „DM" getauscht. Kreditkarten werden zunehmend in Hotels, Restaurants und Geschäften akzeptiert, Barzahlung wird jedoch empfohlen. Für reibungslosen Zahlungsverkehr ist es ratsam, Banknoten in kleinerer Stückelung mitzuführen.

Kroatien

In Kroatien besteht in den bis 1995 umkämpften Gebieten weiterhin eine erhebliche Gefährdung durch Landminen. Dies gilt insbesondere für die damaligen Frontlinien. Betroffen sind u.a. das westliche und südwestliche Grenzgebiet zu Bosnien und Herzegowina (der Raum südlich von Sisak und Karlovac, östlich von Ogulin, Otocac, Gospic, am östlichen Stadtrand von Zadar und im Hinterland der Küste zwischen Senj und Split und in den Bergen südöstlich von Dubrovnik).

Nähere Informationen zu Gebieten, in denen eine Gefährdung durch Minen besteht, sind auf der homepage der kroatischen Minenräumanstalt (Hrvatski centar za razminiranje) (www.hcr.hr und https://misportal.hcr.hr) auch in englischer Sprache abrufbar. In den betreffenden Gebieten wird dringend davor gewarnt, die Straßen und Wege zu verlassen. Achtung: Minen wurden oft dicht am Straßenrand verlegt. Minenfelder sind gewöhnlich durch gelbe Plastikstreifen abgesperrt oder durch Schilder oder Pfähle mit Plastikstreifen gekennzeichnet. Bisweilen fehlt jedoch jede Kennzeichnung. Trümmergrundstücke und leerstehende Gebäude sollten auf keinen Fall betreten werden.

Montenegro

In Montenegro gibt es derzeit keine aus politischen Gründen bedingten Sicherheitsprobleme. Gelegentliche Spannungen in einigen Nachbarregionen (z.B. Kosovo) wirken sich nicht auf Montenegro aus. Höhere Risiken liegen im Straßenverkehr, wo es durch schwierige Bergstrecken, teilweise schlechten Straßenzustand, fehlende Straßenschilder und häufig undisziplinierte Fahrweise zu überdurchschnittlich vielen Unfällen kommt. Landesunkundigen wird von Nachtfahrten außerhalb von Städten abgeraten.

Weitere Sicherheitsinformationen zu den einzelnen Ländern finden sie auf der Webseite des Auswärtigen Amtes. Nur für Albanien und Slowenien gibt das Auswärtige Amt keine landesspezifischen Sicherheitshinweise (Abfrage Juli 2010: www.auswaertiges-amt.de).

Länder an der Adria-Ostküste – Lebensräume, Naturschätze und sonstiges Sehenswertes

Slowenien

Škocjanski Zatok (Koper)

Wer um das Horn von Ankaran aus Triest über die kleine Uferstraße nach Slowenien einreist, vermutet hinter der Skyline der Hafenanlagen kein interessantes Zielgebiet für Vogelbeobachtung. Doch der Škocjanski Zatok ist mit seinen 122 ha das größte Brackwasser-Feuchtgebiet in Slowenien und eignet sich hervorragend, um eine Reihe interessanter Vogelarten aus nächster Nähe zu sehen. Die Feuchtflächen liegen am Rand der quirligen Küstenstadt Koper weit im Nordosten der Adria. Mit den umliegenden Gebieten bilden sie eine wertvolle Landschaft, deren einzigartige Bedeutung für Slowenien auf der Nähe zum Meer und dem milden Klima beruht. Die Vegetation ist hier, trotz der Nähe zu den Alpen, mediterran mit Palmen. Für die zahlreichen Brut- und Gastvögel sind die Gewässer in dieser Bucht mit ihrer unterschiedlichen Wassertiefe ein äußerst wichtiges Habitat. Zwar dominiert heute der Hafen Koper die Landschaft, doch die erhaltenen Lebensräume wurden für Mensch und Tier attraktiv gestaltet - ein nachahmenswertes Modell auch für andere von Häfen und Auffüllungen beeinträchtigte Küstenabschnitte am Mittelmeer. Von der Brackwasserlagune mit Schlickflächen und flachen Tidengewässern bis zu den zahlreichen Feuchtbiotopen mit Süßwasser wie überschwemmte Wiesen und Weiden, Röhrichte und Karstbäche wechseln die Biotope auf engstem Raum. In diesem Mosaik vielfältiger Lebensräume mit ihrer hohen Biodiversität gibt es viel zu entdecken. Auf wenig mehr als einem Quadratkilometer Fläche konnten bereits 225 Vogelarten nachgewiesen werden. Das Schutzgebiet empfiehlt sich bestens für einen ersten Aufenthalt auf der Reise entlang der Adria-Ostküste.

Bild: M. Schneider-Jacoby

Die letzten Reste der einstigen Lagune grenzen direkt an den Hafen von Koper.

Erst Zerstörung dann Renaturierung

Die Bucht Škocjanski Zatok war schon immer als ein besonders interessantes Naturgebiet bekannt. Als die Regierung 1980 beschloss, die gesamten Feuchtflächen zu erschließen und neue Gebäudekomplexe auf den ökologisch wichtigen Biotopen zu erbauen, regte sich Widerstand, denn wattartige Flächen an der Adria-Ostküste haben Seltenheitswert. Bereits damals im früheren Jugoslawien organisierte die private Naturschutzorganisation DOPPS (der Slowenische Vogelschutzbund) massive Proteste und klärte die Bevölkerung über den drohenden Verlust des einmaligen Naturgebiets auf. Die Kampagne brachte die slowenische Regierung zur Einsicht, und 1999 beauftragte sie DOPPS zum Dank für den gelungenen Schutz der verbliebenen Bucht sogar mit der Betreuung. Im Jahre 2007 wurden die vom Slowenischen Umwelt- und Raumplanungsministerium gemeinsam mit DOPPS geplanten und durchgeführten umfangreichen Renaturierungsmaßnahmen abgeschlossen. Der Zufluss von Frischwasser sowie der Austausch des Meerwassers in der Lagune sind verbessert und die verbliebenen Frisch-, Salz- und Brackwasserlebensräume ökologisch aufgewertet worden.

Bild: T. Petras-Sackl

Stelzenläufer.

Der Škocjanski Zatok ist das ganze Jahr über ein wichtiger Vogellebensraum und das Mosaik aus Feuchthabitaten bietet Brut- und Zugvögeln, aber auch zahlreichen gefiederten Wintergästen genug Nahrungs- und Rastplätze. Der Rest der ehemaligen Lagune nimmt mit 70 % den größten Teil der Schutzgebietsfläche ein und ist umgeben von Brutinseln, Salzwiesen und Schlickflächen mit zahlreichen Salzpflanzen (Halophyten). See- und Lappentaucher, Kormorane und zahlreiche Enten rasten hier. Die Flussseeschwalbe und der Stelzenläufer brüten und lassen sich gut beobachten. Bedeutend ist auch das Brutvorkommen des Seeregenpfeifers, der sonst nur noch an wenigen Plätzen entlang der Adria-Ostküste brütet. Besondere Freude macht es, die Trupps der Reiher, Watvögel und Möwen, die sich von den Krebsen, Fischen und zahlreichen Kleintieren im Wattenbereich ernähren, zu betrachten. In den Schilfgebieten nisten Zwergdommel (Ixobrychus minutus), Blässhuhn und Zwergtaucher (Tachybaptus ruficollis), deren Anzahl nach der Renaturierung stark angestiegen ist. Im Herbst und Frühjahr begegnet man rastenden Gänsen und Enten.

Bild: M. Schneider-Jacoby

Škocjanski Zatok: Besucherlenkung mit Sichtschutzdämmen und Beobachtungswänden.

Ein Rundweg wie aus dem Lehrbuch

Inzwischen kommen laufend zahlreiche Besucher aus der Stadt Koper, aber auch Vogelfreunde aus ganz Slowenien und den angrenzenden Ländern, um sich hier an der reichen Natur zu erfreuen. Ein Besuch im Schutzgebiet Škocjanski Zatok bietet einen guten Einblick in die biologische Vielfalt eines Feuchtgebietes am Mittelmeer. Der zwei Kilometer lange Rundweg führt mitten durch die wertvollen Lebensräume. Die Wiesen und Weiden werden von Camargue-Pferden und dem endemischen Istrischen Rind "boškarin" kurz gehalten. Besonders interessant sind auch die Nutrias oder Sumpfbiber (Myocastor coypus), die sich gut zwischen Stelzenläufern und Sichlern (Plegadis falcinellas) beobachten lassen. Dank dem Jagdbann zeigen sie, wie auch die meisten anderen Tiere, wenig Scheu. Durch das Frischwasser, das in das Gebiet eingeleitet wird, sind wunderschöne Amphibienteiche entstanden. Die Besucher können sich an den am Wege angelegten kleinen Modellteichen das Leben in den Sümpfen aus nächster Nähe anschauen.

2012 soll - zusätzlich zu den bereits bestehenden Aussichtspunkten und Informationstafeln - ein großes Besucherzentrum gebaut werden. Schon jetzt werden Programme für verschiedene Zielgruppen angeboten. Tatsächlich leistet Škocjanski Zatok einen wichtigen Beitrag für die nachhaltige Entwicklung der nahen Hafenstadt. Besonders für die Einheimischen hat das Naturgebiet einen immer höheren Erholungs- und Stellenwert gewonnen. Außerdem entwickelt sich mit dem Ausbau der Angebote und den immer neuen Tier- und Pflanzenarten, die sich hier ansiedeln, der Naturtourismus: durch das Schutzgebiet werden umweltbewusste Gäste angezogen, die hier auch Informationen für einen Besuch der Slowenischen Adriaküste erhalten.

Zum Haupteingang des Schutzgebietes führt die Ausfahrt „Bertoki" von der Autobahn A1. Aus Richtung Istrien auf der Landstraße 625 ankommend, überquert man die Autobahn in Richtung Meer und Hafen an dieser Ausfahrt. Nach 500 m liegt linker Hand der Parkplatz. Auf der Straße kann man dann weiter über den Fluss Rižana und nach Ankaran nach Norden fahren.

Die letzte Düne der Bucht von Koper – Zaliv Polje

Das Zaliv Polje (Zaliv bedeutet „Bucht", also das „Feld an der Bucht") ist das Mündungsgebiet des nordistrischen Flusses Rižana, dessen Quelle am Fuße des Karstrandes liegt. Der Flusslauf ist kurz, nur 14 km, führt aber sehr viel Wasser. Man kann dies an den bis 40 m tiefen Schlammablagerungen sehen, die nach der letzten Eiszeit entstanden sind. Das Zaliv Polje liegt um den Škocjanski Zatok. Das Quellwasser der Rižana versorgt die Stadt Koper und ihre Umgebung mit Trinkwasser, und wegen der reichen Wasserzufuhr standen einst 34 Mühlen an dem Flüsschen, dessen Unterlauf sogar schiffbar war. Auf alten Karten kann man noch die Arme der Deltamündung mit weiträumigen Dünen sehen. Die Regulierung der Flussmündung und die Umwandlung der Brackwassersümpfe in Ackerland liegt nun aber schon fast hundert Jahre zurück. Aus der früheren Küstenlinie ist in den letzten 60 Jahren ein Umladehafen geworden. Heute wird die ehemalige Landschaft an der Mündung des Flusses nur noch durch die bei der Vertiefung des Hafens ausgehobenen Sedimente nachgeahmt. Durch die Wellen entstand so eine letzte Düne auf der rechten Seite der Mündung beim Yachthafen von Ankaran, die aus fast reinen Kalkresten der Muscheln und wenigen Sedimenten aus dem Bach von Ankaran besteht.

Wegen den ständigen Umlagerungen brütet auf der Düne nur noch der Flussregenpfeifer (Charadrius dubius). Auf dem Zug halten sich hier kleine Limikolentrupps wie die des Alpenstrandläufers oder Einzelvögel wie die Pfuhlschnepfe (Limosa lapponica) auf. Kleine Gruppen des Großen Brachvogels (Numenius arquata) überwintern; der Regenbrachvogel (Numenius phaeopus) lässt sich aber nur in der Zugzeit sehen. Auf dem Damm vor dem Liegeplatz der Segelschiffe sind Kormorane und Brandseeschwalben (Sterna sandvicensis) zu beobachten. Die Düne wird von dem seltenen Laufkäfer (Clivina ypsilon) bewohnt. Salzpflanzen (Halophyten) gedeihen in den Marschwiesen und am Strand Lein (Linium maritimum) und Ähriges Tausendgüldenkrat (Centaurium spicatum).

Das Begehen der Düne gefährdet Nester und Junge des Flussregenpfeifers.

Bild: D. Kitonic

Beliebt ist das Wandern über die Muscheldüne, was den Seeregenpfeifer vom Brüten abhält. Ohne Anerkennung als Naturschutzgebiet lassen sich solche Störungen leider nicht verhindern. Vogelfreunde sollten die Muscheldüne nur mit optischen Geräten absuchen, ohne sie zu betreten. Auf einem Pfad gelangt man zu den geschützten Salzwiesen, und über diese führt ein vom Prinzen von Monaco gestifteter Steg. Doch durch eine geplante Erweiterung des Hafens wie durch touristische Interessen der Gemeinde ist die Muscheldüne das am meisten gefährdete Gebiet des schmalen slowenischen Küstenstreifens. Der Lebensraum für Vögel wird eng an der Adriaküste.

Bild: I. Geister

Blick über die Muscheldüne auf das Horn von Ankaran.

Istriens vergessenes Karstfeld

Movraška Vala (Tal von Moravž) heißt das südlichste Karstfeld Sloweniens. Das zwei Quadratkilometer große Polje liegt direkt an der Grenze zu Kroatien und ist eines der Kleinode im Hinterland der Adria. Von der Hauptstraße aus Dekani durch das slowenische Istrien biegt die Zufahrt zwei Kilometer vor dem Ort Lukini bzw. 4,5 Kilometer vor dem Grenzübergang nach Buzet in einer 180-Grad-Schleife nach Norden ab und führt über den Ort Smokvica nach Moravž. Direkt am Karstrand schmiegt sich das Polje zwischen die Abhänge der Berge Kuk und Badin. In den 80er Jahren des vorigen Jahrhunderts hat man die Ponore (Schlucklöcher) vergrößert, damit das Wasser schneller abfließt. Seither ist das Karstfeld nur noch bei größeren Regenfällen teilweise überflutet. Durch die Ponore verschwindet das Wasser, um in der Grotte „Jama pod Krogom" am Grenzübergang nach Kroatien im Ort Mlini (Mlin bedeutet Mühle) wieder hervorzuquellen. Der so entstandene Bach mündet nach einigen hundert Metern in die Bračana, einen Nebenfluss der Mirna.

Durch den Westen des Karstfeldes führt ein Erd- bzw. Makadampfad, während man sich durch den östlichen Teil den Weg durch die Wiesen suchen muss. Eine Straße durchquert die Mitte des Polje; sie verbindet die Dörfer Moravž und Dvori. Die im versumpften Abschnitt des Tales befindliche Senke mit Wasser (in Istrien als „Kal" bezeichnet) wurde früher durch Weidevieh vor Verbuschung frei gehalten. Heute ist das Karstfeld - abgesehen von wenigen Äckern unterhalb des Dorfes Dvori nahe der kroatischen Grenze - nicht mehr bewirtschaftet, und auch die Beweidung wurde eingestellt. Leider verwachsen die Karstwiesen deshalb nun langsam. Nur 15 Minuten zu Fuß westlich von Dvori trifft man auf beachtliche Kalk-Halbhöhlen, in denen die Blaumerle brütet und der Mauerläufer (Tichodroma muraria) überwintert.

Die Wiesen werden durch Wachtel (Coturnix coturnix), Grauammer (Emberiza calandra), Schwarzkehlchen (Saxicola rubicola) und Cistensänger (Cisticola juncidis), die Hecken durch Neuntöter, im Winter auch Raubwürger (Lanius excubitor), Zaunammer (Emberiza cirlus), Dorngrasmücke und Orpheusspötter (Hippolais polyglotta) belebt. An den Hängen der

Zippammer (Emberiza cia).

Bild: P. Sackl

Umgebung rufen Zippammer und Weißbartgrasmücke. Auch der Steinadler kreist hier. In den Beständen der Flaumeiche (Quercus pubescens) lassen sich mit etwas Glück Wiedehopf und Pirol (Oriolus oriolus) sehen und in den Kiefernwäldern (Pinus silvestris) sogar der Schwarzspecht (Dryocopus martius). Durchzügler sind verschiedene Weihen sowie Sumpfseeschwalben (Chlidonias spec.) und Lachmöwen (Larus ridibundus). In dem Wasserloch „Kal" leben Teichhuhn (Gallinula chloropus), Drosselrohrsänger und einige Libellenarten. Unter den Sträuchern dominiert der Schlehdorn (Prunus spinosa) und auf den feuchtesten Wiesen unweit des Kal gedeihen Sibirische Schwertlilie (Iris sibirica), Lockerblütiges Knabenkraut und Helmknabenkraut (Orchis militaris).

Bild: I. Geister

Überflutetes Movraška Vala.

Landschaftspark und Saline Strunjan (Strunjanske Soline)

Jahrhunderte lang und noch bis vor Kurzem war die Saline Strunjan ein fester Bestandteil der Salinen von Piran, zu der auch die Saline Sečovlje gehörte. Jetzt ist die Saline Strunjan ein Teil des Landschaftsparks Strunjan, der aus dem Reservat Strunjan, Naturreservat Stjuža und Naturreservat Strunjanske Soline besteht. Im Vergleich zur Saline von Sečovlje muss man sich die Saline von Strunjan eher als Taschenausgabe vorstellen. Etwas größer ist die Bucht Stjuža. Der Landschaftspark Strunjan zieht sich mit dem dazugehörigen 200 Meter langen Meeresstreifen 3,8 km lang hin. Er beherbergt große Flyschwände (weiche Ton- und Sandablagerungen aus dem Tethysmeer), die steil in die Adria abfallen, und auf dem Meeresgrund bedeutende Meereswiesen.

Bild: B. Stumberger

Saline Strunjan.

Die Wasservögel halten sich gerne während des Zuges an den Verdunstungsbecken der alten Saline auf. Besonders bedeutsam ist die Saline Strunjan für Schwarzkopfmöwen, die hier mausern. Im Juni angekommen, sind sie bis Oktober fertig mit dem Gefiederwechsel. Durchschnittlich trifft man hier einige Dutzend dieser Vögel an, die Maxima bewegen sich aber in Hunderten, und immer wieder sieht man farbberingte Vögel. In der Stjuža-Bucht überwintern zahlreiche Blässhühner und einige Eisvögel (Alcedo atthis), die in den Salinengräben jagen. Die Zeit vor der Geschlechtsreife verbringen vor allem die Seiden- und Graureiher (Ardea cinerea) in der Saline Strunjan. Interessante Reptilien sind die Gelbgrüne Zornnatter (Hierophis viridiflavus) und die Ruineneidechse.

Eine weitere Besonderheit ist die Frühe Heidelibelle (Sympetrum fonscolombei), deren Larve sich auch in Brackwasser entwickelt. Zum Ende des Sommers ist die Herbst-Mosaikjungfer (Aeshna mixta) die häufigste Libellenart. Oben an den Flyschwänden gedeiht der Erdbeerbaum (Arbutus unedo) und an den Hängen die Myrte (Myrtus communis). Die Zippammer singt hier direkt an der Küste. Die Seegraswiesen setzen sich aus Tanggras (Cymodocea nodosa) und verschiedenen Seegräsern (Zostera spec) zusammen.

Bild: P. Sackl

Auf den Mauern am Meer und den Kanälen lauern die Eisvögel auf Fische.

Wegen der übersichtlichen Größe sind die Salinen von Strunjan von allen Seiten sehr gut zur Vogelbeobachtung geeignet. Hinzu kommt, dass die Vögel wegen des weitgehenden Verbots der Vogeljagd in Slowenien wenig Scheu haben, sodass man sie aus nächster Nähe betrachten kann. Die Bucht Stjuža ist mit dem Fernglas gut einsehbar, und man kann sie zu Fuß entlang dem Ufer abwandern. Ein besonderes Erlebnis bietet ein Spaziergang durch das Reservat mit den Flyschwänden, sowohl am Strand entlang der Küstenlinie als auch auf dem Pfad, der allerdings nicht gepflegt ist, so dass man ihn mit Vorsicht begehen muss. In den Sommermonaten verwandelt sich der Meeresstrand im Reservat in einen wilden Badestrand - ein Zustand, der mit dem Naturschutz nicht vereinbar und problematisch für den Lebensraum und seine tierischen wie pflanzlichen Bewohner ist.

Naturpark Sečoveljske Soline

Die Saline von Sečoveljske liegt direkt an der kroatischen Grenze bei Portorož und ist das größte und wichtigste Feuchtgebiet an der slowenischen Adriaküste. 2001 wurde sie zum Naturpark erklärt und gleichzeitig als bedeutendes Kulturerbe Sloweniens unter Schutz gestellt. Sie war auch das Feuchtgebiet Sloweniens, das für den Beitritt zur Ramsar-Konvention gemeldet wurde, und ist Teil des europäischen Netzwerks Natura 2000. Die Seča-Halbinsel trennt das im Norden vom Jernej-Kanal begrenzte Schutzgebiet von den Küstenstädten Lucija und Portorož. Im Osten schließt sich über eine Schmalspurbahn das Dragonja-Tal mit dem Dorf Sečovlje an, das der Saline den Namen gab. Der Dragonja-Fluss bildet auch im Süden die Grenze des Schutzgebietes, während sich im Westen die Adria mit der Bucht von Piran weitet.

Der Naturpark (mit Saline) umfasst mit einer Fläche von 750 ha den Südwestzipfel Sloweniens und gehört zur Gemeinde Piran. Der Blick über die weite Salinenlandschaft mit den flachen Teichen und den kleinen Häusern, in denen einst die Salzarbeiter lebten, ist beeindruckend. Diese Kulturlandschaft, die durch Dämme und zahlreiche Kanäle aus der Lagune geschaffen wurde, wird immer mehr zum Aushängeschild des slowenischen Tourismus. Hier hat man die Erhaltung der wichtigen Rast- und Brutplätze für zahlreiche bedrohte Arten geschickt mit der Bewahrung des Kulturerbes der Salzgewinnung und einem hervorragenden Angebot für die Besucher verbunden. Betreut wird der Naturpark (Krajinski Park) Sečoveljske Soline (KPSS) von einer privaten Firma namens Soline Pridelava soli d.o.o.

Die Saline von Sečovlje und die Saline von Strunjan sind die nördlichsten noch genutzten am ganzen Mittelmeer, und nur an wenigen anderen Orten wird sonst noch Salz nach der gleichen Methode wie seit Jahrhunderten gewonnen. Durch die traditionelle Salzgewinnung aber bleibt die interessante Pflanzen- und Tierwelt der Salzbecken - einschließlich der zahlreichen spezialisierten Vogelarten - erhalten.

Der Naturpark schützt die einzigartige Kulturlandschaft mit den alten Häusern der ehemaligen Salzarbeiter.

Bild: P. Hieng

Anfahrt und Zugang zur Saline

Auf der Straße von Portorož zum Grenzübergang Sečovlje kommt man über den Hügel Seča. Von dort zweigt eine Straße in Richtung Meer ab und führt über eine kleine Brücke und den Jernej-Kanal zum Haupteingang der Saline und zu den Verwaltungsgebäuden. Gleich am Anfang der schmalen Straße auf dem Salinengelände befindet sich ein Informations-Kiosk, wo man Eintrittskarten bekommt. Man kann aber auch gleich mit dem Auto weiterfahren bis zur Informationsstelle, welche mitten zwischen den kleinen Kristallisationsbecken, die man „Lera" nennt, liegt. Der Naturpark ist ganzjährig für Besucher geöffnet. Die Öffnungszeiten beginnen eine Stunde vor Sonnenaufgang und dauern bis eine Stunde vor Sonnenuntergang.

Die ältesten Teile der Saline liegen dicht an der Grenze im Gebiet Fontanigge, wo bis 1960 die alten Piraner Salzwerke in Betrieb waren. Hier sind die Häuser der Salzarbeiter, Becken und Kanäle erhalten geblieben; die Gerätschaften werden im Museum am Giassi-Kanal ausgestellt. Um den zweiten Eingang zu dem weitläufigen Teil Fontanigge nahe der Grenze zu erreichen, fährt man über den slowenischen Zoll in Richtung Kroatien und biegt dann gleich wieder rechts ab. Bitte den Ausweis nicht vergessen, da Sie sich hier an der EU-Außengrenze befinden! Entlang dem Dragonja-Fluss führt eine kleine Straße zum Parkplatz. Von hier können die Besucher über einen Fußweg von drei Kilometern Länge durch die malerische Salinenlandschaft bis ans Meer gehen. Besuchergruppen können auch ab dem Hafen von Piran mit Boot anreisen. Leider ist der Naturpark nicht mit öffentlichen Verkehrsmitteln erreichbar.

Beim Eintritt erhält man ein Informationsblatt, das einen Überblick über die Beobachtungsmöglichkeiten und Angebote im Schutzgebiet gibt. Wie im Mittelalter Salz gewonnen wurde, wird im Museum in Fontanigge gezeigt. Auch ein neues, im Verwaltungsgebäude untergebrachtes Informationszentrum hat den Gästen viel zu bieten. Hier kann man auch Salz und weiterverarbeitete Produkte kaufen. Ebenso werden kunsthandwerkliche Gegenstände und sonstige Souvenirs angeboten. Die Besucher dürfen sich frei im Park bewegen, müssen aber auf den markierten Wegen bleiben, um die rastenden und brütenden Vögel nicht zu stören. Für Gruppen gibt es Führungen und Präsentationen zu den Themen Salzgewinnung und Vogelkunde. Übernachten kann man im Park selbst nicht, aber in der Region findet man Hotels und in der näheren Umgebung Privatpensionen.

Bild: A. Sovinc

Die Salzkristalle werden noch wie früher aufgehäuft.

Naturpark und Kulturlandschaft

Die Saline von Sečovlje bietet gefährdeten Tieren und Pflanzen einen Lebensraum, der durch die Salzgewinnung geprägt ist. Gut 292 Vogelarten - 70 % aller Arten, die je in Slowenien gesehen wurden - sind hier nachgewiesen. Insbesondere sind auch zahlreiche spezialisierte Brutvögel zu beobachten: Seeregenpfeifer, Stelzenläufer, Zwerg- und Flussseeschwalbe, Brandgans (Tadorna tadorna) und Säbelschnäbler (Recurvirostra avosetta). In der Zugzeit und im Winter bietet der jagdfreie Park einen hervorragenden Ruheplatz für Reiher, Gänse, Enten und Watvögel. Besonders schön sind die Salzpflanzen im Spätsommer und Herbst, wenn der rote Queller und der lila Strandflieder die Flächen färben.

Bild: M. Schneider-Jacoby

Strandflieder.

Neben der Küstenlandschaft ist das Dragonja-Tal besonders reizvoll. In dieser schönen Mosaiklandschaft mit Weingärten und kleinen Dörfern gibt es auch bereits ein Netzwerk aus Fahrrad- und Wanderwegen. Spezielle Bauernhöfe, die »osmice« genannt werden, bieten Wein aus Eigenbau und Essen an. Die Bevölkerung feiert im Naturpark verschiedene traditionelle Feste: Das erste Fest markiert die Ankunft der Salzarbeiter (letztes Wochenende im April), dann folgt am ersten Wochenende im Juli das Fest der Salzernte, und am letzten Wochenende im August wird der Auszug der Salzarbeiter gefeiert.

Bild: P. Sackl

Zwergseeschwalbe im Flug.

Kroatien

Das Kvarner Archipel

Geschützt in der Kvarner Bucht, gegenüber der Hafenstadt Rijeka, liegt - bereits auf der Halbinsel Istrien - das Seebad Opatia. Bereits vor hundert Jahren war es ein traditionsreicher Touristenort, der auf Grund seiner Nähe zu Mitteleuropa gerne von Wienern und anderen mitteleuropäischen Städtern zur Sommerfrische aufgesucht wurde. Rund um die Bucht liegen heute wichtige kroatische Großschutzgebiete. Der Hausberg Vojak (1.401 m), die höchste Erhebung des Učka-Gebirges, wird seit 1999 als Naturpark entwickelt. Der Gipfel bietet herrliche Ausblicke über die Inselwelt. Die Nationalparke Risnjak und Plitvice im Hinterland sind dagegen schon lange international berühmt und immer einen Besuch wert.

Besonders reizvoll wirkt die große Bucht zwischen Istrien und Dinarischem Gebirge durch die beiden größten Inseln Kroatiens: Cres und Krk. Welche die größere ist, wird immer wieder aufs Neue diskutiert und vermessen.

Bild: M. Schneider-Jacoby

Hafen von Krk.

Unter Geiern

Neben der traumhaft schönen Landschaft, die reizvolle Wanderungen und Ausblicke auf die Adria bietet, sind es vor allem die Greifvögel, die die Inselwelt des Kvarner Archipels spannend machen. Berühmt sind die Gänsegeier, die auf der Insel Cres entlang der steilen Ostküste brüten. Hier nagen die Wellen der starken Bura-Fallwinde am stärksten an den schroffen Kalkfelsen und formen kugelrunde Kiesel in den kleinen Buchten. Im malerischen Örtchen Beli an der Nordostküste der Insel haben Geierschützer schon vor Jahren ein kleines Zentrum mit interessanten Informationen aufgebaut.

Bild: M. Schneider-Jacoby

Die Orlec-Bucht auf der Insel Cres.

Für Wanderungen eignen sich alle Teile der Insel. Besonders schön ist der steile Weg vom Dorf Orlec südlich des Hauptortes Cres ans Meer. Schon der Name deutet auf die großen Greifvögel hin, denn „orao" heißt „Adler" auf Kroatisch. Doch wie so oft im Volksmund, werden auch andere Greifvögel, wie hier die Geier, von den Einheimischen als „orao" bezeichnet. Im Dorf muss man sich links halten, um dann am Friedhof entlang in Richtung Osten zum Meer zu kommen. Oben auf dem Felsplateau gibt es einen Parkplatz, denn der Weg zu den Booten und der kleinen Badebucht ist für Fahrzeuge gesperrt. Der steile Abstieg lohnt sich aber. Von den Felsen aus lassen sich die vorbeiziehenden Gänsegeier schön beobachten, und auf dem Weg nach unten wird man von Alpenseglern und Blaumerlen begleitet. Turmfalken und Felsentauben brüten auch in den Steilwänden.

Einen weiteren Höhepunkt für Natururlauber erreicht man von dem berühmten Ort Lubenice aus, der auf der Westseite von Cres liegt. Der Abstieg zu den verschiedenen Buchten unterhalb des Städtchens beginnt direkt am Ortseingang, wo man auch Parkmöglichkeiten findet. Der Wanderweg führt durch Kiefernwälder und gabelt sich über offene Felsfluren zu zwei schönen Kiesstränden. Und nicht nur Gänsegeier, sondern auch Steinadler und Schlangenadler lassen sich mit einiger Sicherheit auf den Inseln Krk und Cres beobachten. Hier, direkt am Meer, kann man die großen Greifvögel oft besser und aus größerer Nähe sehen als in den Alpen. Auch am Strand lohnt es sich immer, das Fernglas dabeizuhaben.

Einen Besuch des Delfinzentrums in Veli Lošinj im Süden der Insel Lošinj sollte man nicht versäumen. Von hier aus wird die große Delfinpopulation in der Kvarner Bucht seit über 20 Jahren gezählt und beobachtet. Ein Besuch der Station bietet spannende Einblicke in den Schutz der Meeressäuger, aber auch anderer Arten wie der Unechten Karettschildkröte (Caretta caretta), die hier, ganz im Norden der Adria, am Grunde des Meeres überwintert.

Bild: M. Schneider-Jacoby

Hoch oben auf den Felsen liegt der Ort Lubenice.

Wanderungen über dem Meer

Die Wanderwege über die Berge und Schafweiden der Inseln Krk, Cres und Losinj sind besonders schön, und auf allen drei Inseln wurden in den letzten Jahren auch Wanderwege markiert. Aber leider gibt es hierzu noch kein zusammengefasstes Kartenmaterial. Die Tourist-Informationsstellen in den einzelnen Orten haben jedoch verschiedene Prospekte aufliegen und geben gerne Auskünfte. Interessant sind die Wasserlöcher für das Vieh, die „lokva" genannt werden und oft an den Wegen liegen.

Ein speziell zur Vogelbeobachtung sehr gut geeigneter Wanderweg führt auf Cres durch eine schöne, weite, steppenartige Landschaft zum Dorf Plat und an die Südostküste. Er beginnt im Süden der Insel, sieben Kilometer vor dem Städtchen Ozor. An der Kreuzung, wo die Straße nach Westen zum Ort Ustrine weiterführt, zweigt der Wanderweg durch die Viehweide nach Osten ab. Abends lohnt es sich, nach Westen bis Ustrine zu fahren, um bei Sonnenuntergang den fantastischen Blick über die Bucht zu genießen.

Bild: M. Schneider-Jacoby

Schöner, von Mauern gesäumter Wanderweg auf der Insel Cres bei Plat.

Auf Cres wie auf Krk gibt es große Feuchtgebiete, die als Trinkwasserspeicher streng geschützt sind. Auf Cres ist es der Vransko Jezero, den man nur vom kleinen Ort Vrana aus, der direkt an der Straße vom Ort Cres nach Losinj liegt, erreichen kann.

Ein interessantes Feuchtgebiet auf Krk ist das Ponikve Polje, in dem das Regenwasser aufgefangen wird: ein Damm verhindert hier das Abfließen in die Schlucklöcher, wodurch ein kleiner Stausee entstand. Zu diesem wunderschönen Feuchtgebiet darf man nicht mit dem Auto fahren, aber es gibt reizvolle Wanderwege durch die Wälder um den See. Ein Fußweg durch Macchie und Weideflächen beginnt 500 m hinter dem Wasserspeicher an der Straße in Richtung der Stadt Krk nach der Kreuzung, an der die Straße zur Fähre nach Cres und Valbiska abzweigt. Parken kann man 650 m nach der Kreuzung direkt vor dem Wasserreservoir. Von dort geht man dann noch einen halben Kilometer zu Fuß entlang der Straße bis zum Eingang auf der anderen Seite in die Weide. (Bitte immer die Tore zu den Hutweiden wieder schließen!) Schon auf halber Höhe befindet sich linker Hand ein sehr schöner Aussichtspunkt. Für Ornithologen bietet das kleine Feuchtgebiet stets gute Chancen zur Ergänzung der Artenliste auf den Inseln. Hier brütet die Moorente und viele andere Wasservogelarten rasten auf dem Zug. An dem Wasserreservoir darf übrigens nicht geangelt oder gejagt werden.

Bild: M. Schneider-Jacoby

Feuchtgebiet auf Krk: das Ponikve Polje.

Ein weiteres wichtiges Feuchtgebiet mit See liegt auf Krk direkt an der großen Zufahrtsstraße, 7,5 km nach der Brücke auf die Insel. Der Fahrweg dorthin beginnt an der ersten Abzweigung nach Njivice und den Hotels. Auf der östlichen, linken Straßenseite liegt ein Parkplatz mit einem Reiterhof. Von hier führt ein Makadamweg entlang des Sees mit seiner breiten Röhrichtzone. Am Ende des Sees mündet ein kleiner Bach, dem man weiter aufwärts folgen kann, in das nächste Polje mit einer großen Hutweide. Hier weiden Istrische Graurinder, und Rotkopfwürger, Wiedehopf, Wendehals (Jynx torquilla) sowie viele andere Arten lassen sich vom Weg aus beobachten. Durch die Weide führen dann noch weitere markierte Wanderwege. Um den See und direkt an den See darf man aus Gründen des Trinkwasserschutzes nicht gehen.

Nationalpark Paklenica – Eingang zum Velebit

Bereits 1949 wurde der Paklenica-Nationalpark als zweiter Nationalpark in Kroatien ausgewiesen. Tief eingeschnitten erstrecken sich die wenigen Wasserläufe weit in das Velebit-Gebirge hinein und ermöglichen unvergleichliche Aufstiege über dem Meer. Zwei Schluchten sind besonders berühmt: Velika Paklenica, die große Paklenica-Schlucht mit dem Haupteingang im Ort Starigrad-Paklenica, und Mala Paklenica, die kleine Schlucht nahe dem Dorf Seline. Der Nationalpark ist aus vielen Gründen sehr interessant. In seinem Areal treffen gleich drei Klimazonen aufeinander: Mittelmeer-, Kontinental- und Alpenklima. Über 1.000 Pflanzenarten sind alleine für den Nationalpark beschrieben und 80 endemische Arten weisen das Gebiet als ein wichtiges Rückzugsgebiet für Pflanzen während und vor allem auch nach der Eiszeit aus. Etwas über die Hälfte des Schutzgebietes ist mit Vegetation bedeckt, während 45 Prozent der Fläche aus kargen Karstfelsen mit einem vielgestaltigen Relief bestehen. Das Informationsgebäude des Nationalparks befindet sich gleich an der Küstenstraße direkt am Meer.

Blick auf den Eingang in die Velika Paklenica, die große Paklenica-Schlucht.

Bild: M. Schneider-Jacoby

Faszinierende Vogelwelt

In der Umgebung des Paklenica-Nationalparks kann man eine ganze Reihe von mediterranen Vogelarten kennen lernen. Insgesamt wurden bereits über 240 Arten an dieser auf den ersten Blick kahlen und schroffen Küste gesehen und 161 innerhalb der Grenzen des Nationalparks. Von Mitte Mai bis Ende August ruft die Kappenammer entlang der Küste oder an der Ostgrenze des Parks bei Malo Libinje. Gerne singen die Männchen auf den Spitzen der Orienthainbuche oder den verschiedenen Mittelmeereichen. Der Ortolan (Emberiza hortulana) kommt dagegen in etwas höheren Lagen von 300 bis 1.200 m vor. Ihn kann man schon am Pass von der Lika zum Fährehafen Karlobag bei einer Rast mit Ausblick über die weiten kahlen Felsfluren auf die Adria hören. Mit etwas Glück findet man auch die dritte Ammernart, die Zippammer, die am Rande der mit Bäumen bestandenen Flächen singt. Neben der Hopfenbuche (Ostrya carpinifolia) sind in den höheren Lagen auch Buchen und Schwarzkiefern ihre Singwarten.

Der Mittelmeer-Steinschmätzer (Oenanthe hispanica) ist die typische Art für die kargen offenen Felslandschaften. Oft findet man auch Blaumerle und Steinrötel in den gleichen Lebensräumen. Eine besondere Herausforderung für die Vogelbestimmung sind die Gesänge der Grasmücken. Drei Arten sind typische Mittelmeerarten: Orpheusgrasmücke (Sylvia hortensis), Schwarzkopfgrasmücke (Sylvia melanocephala) und Weißbartgrasmücke. Die Mönchsgrasmücke (Sylvia atricapilla) kommt im ganzen Park vor und ist auch hier am Mittelmeer die häufigste Art. Sehr interessant ist außerdem ein Vorkommen der Sperbergrasmücke (Sylvia nisoria), die man auf dem Veliko Rujno hört, während Klappergrasmücke (Sylvia curruca) und Dorngrasmücke in den Kiefernwäldern der Hochlagen singen. Andere Arten wie die Gartengrasmücke (Sylvia borin) rasten häufig auf dem Zug.

Das Steinhuhn ist wegen der schönen Färbung seines Gefieders eine besonders interessante Art. Es lässt sich im Park gut entdecken und bevorzugt die felsigen Trockenrasen und Hopfenbuchenwälder. Gute Vorkommen gibt es in den Bergwiesen auf dem Gipfel des Velebit, zum Beispiel am Sveto brdo, Malovan und Debelo brdo. Diese felsigen Hochlagen sind auch Heimat der Alpenbraunelle (Prunella collaris), die aber nur mit 10 Paaren im Park brütet. Die Alpendohle bevorzugt die Dolinen (steile Einsturztrichter in die Höhlen der Felslandschaft) als Brutplatz. Im Winter sammeln sich diese Dohlen mit ihren auffallenden gelben Schnäbeln in großen Gesellschaften mit 100 – 300 Vögeln in allen Höhenlagen bis an die Küste.

Bild: J. Schneider

Alpenbraunelle.

Alpendohle.

Bild: J. Schneider

Interessante Wanderwege

Der Nationalpark bietet ein Netz aus Wanderwegen, die zur Naturbeobachtung einladen. Doch auch der Uferbereich an der Adria außerhalb des Nationalparks ist sehr interessant. Die beiden Bachmündungen aus den Schluchten haben breite Schotterkegel im Meer gebildet. Besonders im Frühjahr - vor dem Beginn der Tourismussaison - rasten hier Teichwasserläufer (Tringa stagnatilis) und Reiher am Meer. In den Gärten und Büschen wurden alle vier europäische Spötterarten gesehen. Orpheusspötter und Blassspötter (Hipollais pallida) brüten hier, der Olivenspötter (Hipollais olivetorum) aber nur selten. Der Gelbspötter (Hipollais icterina) rastet auf dem Zug. Des Weiteren gehören zwei verschiedene Würgerarten zu den Brutvögeln: Rotkopfwürger und Neuntöter.

Ganz besonders lohnend sind die Wanderwege durch die Schluchten. Hier kann man die typischen Felsenbrüterarten der Adria kennen lernen: Felsenschwalbe, Felsenkleiber, Hausrotschwanz (Phoenicurus ochruros)

– hier in seinem natürlichen Biotop –, Alpensegler, Fahlsegler, Felsentaube und Uhu (Bubo bubo) finden alle ihre individuellen Nistplätze in den vielgestaltigen Felsen. Am Abend und in der Nacht ruft die Zwergohreule (Otus scops) aus den Baumbeständen. Die Rötelschwalbe (Hirundo daurica) kommt aber eher in den Orten Starigrad, Seline und Rovanjska als in der Naturlandschaft vor.

Bild: J. Schneider

Schmutzgeier.

Schmutzgeier (Neophron percnopterus) und Gänsegeier sind beide am Ende des 20. Jahrhunderts verschwunden. Doch gelegentlich ziehen Gänsegeier von den Inseln Krk und Cres am Gebirge entlang. Beachtlich ist der Greifvogelbestand im Paklenica-Nationalpark: Ein Paar Steinadler, drei Paare Wanderfalken (Falco peregrinus), zwei bis drei Paare Schlangenadler und sogar ein Paar der Wiesenweihe brüten im Park. Dazu kommen noch Habicht (Accipiter gentilis), Sperber, Turmfalke und Mäusebussard. Bisher wurden 25 Greifvogelarten im Park registriert.

Die dritte wichtige Wander- und Beobachtungszone sind die Wälder. Der Nationalpark erhält große Naturwaldflächen, die neben den Felsen zu dem erstaunlichen Artenreichtum beitragen. Um die Berghütte im Park liegen bemerkenswerte Wälder für Spechte, Eulen und Meisen.

Allein sieben Eulenarten wurden bisher gefunden. Am häufigsten ist der Waldkauz (Strix aluco), aber auch der große Habichtskauz (Strix uralensis) besetzt drei bis fünf Reviere. Und eine weitere Besonderheit: zehn verschiedene Spechtarten - das ist fast einmalig in Europa. Bunt- und Kleinspecht (Dendrocopus major, Dendrocopus minor) können in allen Wäldern gesehen werden, der Mittelspecht dagegen nur im Eichenwald. Weißrückenspecht (Dendrocopus leucotos), Schwarzspecht and Grauspecht (Picus canus) sind häufig in den Buchenwäldern und Mischwäldern mit Birke und Schwarzkiefer zu finden. Sogar der sehr seltene Dreizehenspecht (Picoides tridactylus) wurde schon in den Kiefernwäldern der Hochlagen festgestellt.

Bild: G.Lukač

Blick aus 1.753 Meter Höhe vom Gipfel „Sveto Brdo" über Bergwiesen und Krüppelkiefern (Pinus mugo) auf das Meer.

Von den sieben Meisenarten sind besonders Weidenmeisen (Parus montanus) und Trauermeisen interessant. Für die Trauermeise, eine typische Mittelmeerart, wie auch die Weidenmeise sind die natürlichen Wälder der Zerreiche (Quercus cerris) und Orienthainbuche im Park wichtig. Weidenmeisen bauen sich wie Spechte selber ihre Höhlen in morsche, beindicke Bäume.

Etwas außerhalb des Nationalparks, aber im Naturpark Velebit, erstreckt sich eine reizvolle Kulturlandschaft direkt oberhalb der Meeresküste. Etwa zehn Kilometer nördlich des Städtchens Stari Grad führt eine Straße im kleinen Hafen Tribanj steil nach oben. Hier arbeiten noch ein paar kleine Bauernhöfe und erhalten die Karstlandschaft mit ihren Mauern und kleinen Feldern. Auch ein kleiner Campingplatz, der sich „Vrata Velebita", das Tor zum Velebit nennt, trägt zur Bewahrung der Kulturlandschaft bei. Einige Bauernhäuser wurden hübsch renoviert. Wiedehopf und Wendehals kommen in dieser kargen Landschaft vor, und mehrere Wanderwege führen weiter in das schroffe Gebirge.

Bilder: M. Schneider-Jacoby

Die Betreiber des Campingplatzes Vrata Velebita helfen, die alte Kulturlandschaft zu schützen.

Insel Pag: Velo und Malo Blato, Kolansko Blato und Solana Pag

Für Vogelfreunde ist die Karstinsel Pag die Perle Norddalmatiens und mit 60 km Länge und bis neun km Breite eine der größten Inseln in der Adria. Empfehlenswert ist es, die Insel mit der Fähre von Prizna (im Winter auf Alpendohlen achten!) am Fuße des Velebits von Norden anzulaufen und nach dem Aufenthalt dann über die Pag-Brücke im Süden wieder abzureisen. Als Souvenirs eignen sich Pager Käse (paški sir) und Salz, die Inselspezialitäten.

Die Insel hat einen eher flachen und hügeligen Charakter und hier und da sind Feuchtgebiete in die weite Karstlandschaft eingestreut. Herden des berühmten Pager Schafs halten die Inselvegetation offen; der Pager Käse aus ihrer Milch ist das berühmteste Produkt der Insel. Einzelne Gänsegeier besuchen die Weiden regelmäßig oder brüten hier sogar noch auf Grund des guten Nahrungsangebots. Salinen, zwei Karstseen, Federgraswiesen und steinsteppenartige Gebiete wechseln sich mit Wärme liebenden Gartenkulturen ab. Dazu kommen insgesamt mehr als 1.000 Kilometer Trockensteinmauern wie auf Cres und Krk, die die einzelnen Weiden voneinander trennen. In diesem faszinierenden Lebensraummosaik fühlen sich Vogelarten wie Wiesenweihe, Kurzzehenlerche und Schlangenadler wie auch Küsten- und Wasservögel wohl. Vom Velebit-Massiv herabstürzend und über das Meer peitscht die Bura in der kalten Jahreszeit große Teile der Insel kahl. Neben der eiskalten Luft ist es auch das Salz aus dem aufgewühlten Meer, das die Felsen blank wäscht und die Bäume zum Absterben bringt. Aber gleich daneben wachsen in geschützten Lagen auf dem Kalkstein verblüffend reiche Flaumeichenwälder.

Bild: M. Schneider-Jacoby

Kilometerlange Trockenmauern begrenzen die Weiden und schützen vor dem Wind.

Vom Inselgipfel zu den Salinen Pag und Dinjiška

Vom Stadtfriedhof von Pag aus lohnt es sich, die höchste Erhebung auf der Insel, den Veli Brig (263 m), auf einem Panoramaweg zu ersteigen. Von hier schweift der Blick weit über die Insel, die blaue Adria und bis nach Norddalmatien und die Berge auf dem Festland. Auch Vögel schätzen diese Landschaft. Der Mittelmeersteinschmätzer kommt hier in der weißkehligen und schwarzkehligen Form vor. Ebenso sind Steinhuhn, Blaumerle, Orpheusgrasmücke und Rotkopfwürger zu erwarten. Die Thermik über dem Berg bietet den Greifvögeln Aufwind, und auch einzelne Geier können sich zeigen.

Zu Füßen des Veli Brig liegt die 5,6 km lange und 250 ha große Saline Pag (kroatisch: Solana Pag) - für Bienenfresser, Brachpieper, Grauammer, Haubenlerche, Stelzenläufer und Seeregenpfeifer ein ideales Brutgebiet. Reiher, Limikolen, Möwen und Greifvögel suchen hier das ganze Jahr über nach Nahrung, und einer der seltenen Trupps der Pfeifenten (Anas penelope) (bis 200 Vögel) an der östlichen Adria überwintert in der Saline. Neben den allgegenwärtigen Möwen können in der kalten Jahreszeit oft rund 1.000 Wasservögel rasten. Meist sind es Enten und Limikolen - so etwa bis zu 250 Krickenten (Anas crecca) und 150 Rotschenkel. Ein Makadamweg - zwar nicht für Autos gesperrt, aber eigentlich nur für Fußgänger und Radfahrer geeignet - führt von der Stadt Pag unterhalb der alten Kirche von Sv. Grgur an den Südrand der Saline. Es lohnt sich immer, einen Blick in den fantastischen Garten um die Kirche zu werfen, insbesondere wenn die zwischen Anfang Mai und Anfang Juni reifenden Maulbeeren (Morus) zahlreiche Vögel anlocken - unter ihnen oft auch die hübschen Rosenstare (Sturnus roseus).

Bild: D. Kitonic

Rosenstar.

Weiter südöstlich liegt sechs Kilometer entfernt schon die Saline Dinjiška (75 ha). Die von der Strasse in Richtung Vlasići leicht überschaubare Saline ist attraktiv für die Durchzügler; dies gilt insbesondere für Limikolen mit Tagesmaxima bis 500 Vögel. Bei Regenfall lohnt es sich, die Feuchtwiesen im nordwestlichen Teil der Saline sofort abzusuchen, weil sie schnell überschwemmt sind und sich dann in Kürze Löffler, viele Limikolen und Seidenreiher von anderen Plätzen der Insel zur Nahrungssuche sammeln.

Malo und Velo Blato - der „Kleine und der Grosse Sumpf"

Malo Blato (80 ha) ist ein brackisches Seggen-Binsen-Feuchtgebiet, in dem vier bis fünf Paare Wiesenweihen brüten. Der Blato ist bislang nicht gründlich untersucht und möglicherweise brüten hier noch weitere seltene Arten. Häufig sind an der Buchtseite (Uvala Mlinica) entlang der Küstenstraße Meeresvögel und Limikolen aus unmittelbarer Nähe zu sehen. Der große Bruder Velo Blato (190 ha) ist ein von zahlreichen Wasservögeln genutzter Karst-Natursee: Rohrweihen sowie Rallen- und Seidenreiher sind ebenso anzutreffen wie zahlreiche Durchzügler. Auch Rotflügel-Brachschwalben (Glareola pratincola) machen hier in den letzten Jahren regelmäßig Rast und suchen Nahrung über diesem Süßwassersee. Bis 250 Bruchwasserläufer (Tringa glareola), 200 Kampfläufer und 30 Stelzenläufer kann man von einer Stelle aus sehen, und durch den Winter sammeln sich auf dem See bis zu 2.000 Wasservögel (durchschnittlich 400 Blässhühner und sogar bis zu 100 Zwergtaucher). In der letzten Zeit ließen sich sogar Krauskopfpelikane blicken. Auch eine kleine Purpurreiherkolonie, umgeben von mehreren singenden Rohrschwirlen (Locustella luscinioides), sowie Rohrdommeln und Moorenten gehören zu den Kostbarkeiten dieser wertvollen Feuchtflächen.

Der „Velo Blato" liegt in den weiten Schafweiden.

Bild: M. Schneider-Jacoby

Hinter dem Velo Blato erstreckt sich eine 15 km^2 große, mit Steinmauern durchsetzte Steinsteppe, wo Wiedehopf, Kurzzehenlerche und auch die Kalanderlerche vorkommen. Eine Abendexkursion rundet den Besuch von Velo Blato am Besten ab. In der Brutsaison kann man dann mit Steinkauz- und Trielgesang (zwei bis drei Paare) den Tag ausklingen lassen. Das ganze Jahr über beherbergt das Gebiet den wichtigsten Reiher- und Ibisschlafplatz auf der gesamten Insel. Wie alle Naturschutzgebiete auf der Insel Pag ist auch Velo Blato für Besucher beschildert. Es gibt sogar eine Beobachtungshütte, die von Vogelfreunden genutzt werden sollte, um Störungen zu vermeiden.

Bild: D. Kitonic

Wiedehopf.

Kolansko Blato und mediterrane Gärten

Die Gärten unterhalb des Dorfes Kolan, wo unter anderem aromatische Pflanzen wie Salbei und Strohblumen angebaut werden, sind das Brutgebiet von Kappenammer, Nachtigall (Luscinia megarhynchos), Orpheusspötter und Weißbartgrasmücke, und besonders Neuntöter brüten in einer ungeahnten Dichte. Am Ende des Gartenhangs erstreckt sich eine große Schafweide mit orchideenreichen Feuchtwiesen (ca. 60 ha), so etwa mit Lockerblütigem Knabenkraut, Bertolonis-Ragwurz (Ophrys bertolonii), Schopfiger Traubenhyazinthe (Muscari comosum) und Römischer Hyazinthe (Bellevalia roman), - ein gutes Rastgebiet für viele Durchzügler wie beispielsweise Schafstelzen und Brachvögel. Nach vier km Feldweg von Kolan her steht man vor einem 75 ha großen, undurchdringlichen und geschützten Sumpf, dem Kolansko Blato, wo Europäische Sumpfschildkröten (Emys orbicularis) sich sonnen und Zwergtaucher und Wasserrallen (Rallus aquaticus) brüten. Im Sumpf überwintern bis zu 500 Blässhühner und in den umliegenden feuchten Wiesen und Weiden bis zu 30 Brachvögel und 120 Kiebitze (Vanellus vanellus).

Bild M. Schneider-Jacoby

Traubenhyazinthen.

Von der Nordspitze der Insel Pag bis Zadar

Charakteristisch für Pag sind die einsamen Stein-, Sand- und Kieselsteinbuchten. Hinter dem Strandwall können sich wie bei Caska (einer inneren Bucht der Insel) kleine Feuchtflächen bilden. Entlang dem gesamten Uferbereich trifft man auf Fluss- und Zwergseeschwalben sowie Krähenscharben, im Winter auch auf Brandseeschwalben. In Tavernele, dem nördlichsten Ort auf der Halbinsel Lun, lohnt sich ein Aufenthalt in einem Café mit schönem Blick aufs Meer: Von hier aus kann man leicht Hunderte von Meeresvögeln - 560 Krähenscharben pro Stunde - oder Zugvögel - 150 Rauchschwalben (Hirundo rustica) in 15 Minuten - vorbeifliegen sehen. Tatsächlich dürfte die Nordspitze von Pag einer der besten Plätze für die Beobachtung von Zug- und Nahrungsflügen in diesem Teil Dalmatiens sein. Beeindruckend sind auch die kahlen Karstgalerien, von denen Blaumerle und Steinrötel singen. Außerdem trifft man auf Pag auf eine so hohe Dichte von Steinhühnern, wie man sie sonst selten findet.

Die Südspitze der Insel Pag ist mit dem Festland von Zadar aus durch eine Brücke verbunden. Einen Besuch der Stadt Zadar, die fast 3.000 Jahre alt und Hauptstadt des nördlichen Dalmatiens ist, sollte man nicht versäumen. Während der knapp einstündigen Fahrt von Pag nach Zadar dominiert die mediterrane Macchie mit Eichenwäldern und kleinen landwirtschaftlich genutzten Flächen. Schwärme verschiedener Segler und auch die buntfarbenen Bienenfresser lassen eine mediterrane Stimmung zwischen den eindrucksvollen Wehrmauern der Stadt fühlen. In der windigen Jahreszeit kann man sich von den Klängen der Meerorgel verzaubern lassen, die 2005 in die Mauer der Uferpromenade an der Ausfahrt des Hafens vor der Altstadt gebaut wurde: insgesamt ertönen 70 m Röhren je nach Wellengang und erzeugen eigenartige Klangbilder.

Fliegende Weißbartseschwalbe.

Bild: P. Sackl

Naturpark Vransko Jezero

Auch die gesamte Niederung im Hinterland der Küstenstadt Zadar weist viele Möglichkeiten auf, um den Adriaurlaub zu einem interessanten Naturerlebnis werden zu lassen. Und der Naturpark Vransko Jezero stellt das beste Beispiel für gelungenen Zugvogelschutz an der kroatischen Adriaküste dar. Im kleinen Städtchen Biograd findet man die Verwaltung des Naturparks. Der gut 30 km^2 große See ist jagdfrei und der gleichnamige Naturpark bietet den Gästen eine einladende Palette an attraktiven Wanderwegen und Infopunkten. Das Schutzgebiet, das eine weite Pufferzone um den See mit einschließt, umfasst insgesamt 56,1 km^2.

Direkt am Naturpark kann der Besucher außerdem bemerkenswerte Kulturdenkmäler besichtigen. Die Festung Vrana (Castrum Aureanae) - bereits im 9. Jahrhundert erwähnt - war Sitz der frühen kroatischen Könige. Leider ist diese wunderschöne Ruine bis heute nicht ihrem kulturhistorischen Wert entsprechend zugänglich gemacht worden. In der Mitte des 16. Jahrhunderts, als die Osmanen die Herrschaft über diesen Küstenabschnitt übernahmen, errichteten sie gleich gegenüber der Festung eine Karawanserei, den Maškovica Han, der vollständig erhalten ist und hoffentlich bald einmal für Besucher geöffnet wird. Die Wasserversorgung der Festung Vrana wurde über eine Karstquelle gesichert, die leicht über den Feldweg entlang der Burg in Richtung Nordosten erreicht werden kann. Nach 500 m gelangt man zum Karsthang, aus dem die Quelle entspringt, und ein kleiner Pfad führt nach weiteren 50 m zu einem Einsturz der Höhle. Die Wiese an der Quelle lädt zum Verweilen ein. Mit etwas Glück zeigt sich ein Wiedehopf, oder die Blaumerle präsentiert von den Felsen aus ihren Singflug.

Bild: M. Schneider-Jacoby

Festung Vrana am Vransko Jezero.

Rastplatz für Rohrsänger und Enten

Je nach der Stärke des Vogelzuges rasten täglich zwischen 20.000 und 200.000 Zugvögel im Naturpark Vransko Jezero. Schätzungen der Rastbestände gehen von einem Maximum bis 400.000 am Tag aus, und weit mehr als eine Million sind es jedes Jahr. Diese großen Schilfgebiete um den Süßwassersee bieten sehr wichtige Rastplätze für Rohrsänger, aber auch Bachstelzen (Motacilla alba), Stare, Dohlen, Pieper und viele andere

Arten fallen am Abend zum Schlafen in das Röhricht ein. Etwa 10.000 Teich-, Schilf- und Drosselrohrsänger werden jedes Jahr an den Stationen am Vransko Jezero und auf Pag (Kolansko Blato) gefangen und beringt. Sieben Rohrsänger- und Schwirlarten brüten in den Schilfgebieten, ebenso die Bartmeise (Panurus biarmicus). Für Kroatien ist auch die gemischte Reiherkolonie an der Küste etwas Außergewöhnliches. Hier kommen Purpurreiher, Seidenreiher, Zwergscharbe und Zwergrohrdommel (Ixobrychus minutus) vor und lassen sich an mehreren Stellen sehr gut beobachten.

Besonders klar tritt die Bedeutung des küstennahen Feuchtgebietes während des Winters hervor, wenn bis zu 150.000 Blässhühner und Enten an diesem flachen See die kalte Jahreszeit verbringen. Weil hier nicht gejagt wird, sparen sich die Vögel den Kräfte zehrenden und gefährlichen Flug über die Adria. Im Frühjahr nutzen auch viele Arten wie der Sichler oder die Knäkente den sicheren Rastplatz auf ihrem Heimflug in die Brutgebiete.

Bild: M. Schneider-Jacoby

Beringungsstation am Vransko Jezero.

Gute Aussichten für Vogelbeobachter

An der Straße von Pakostane nach Vrana fällt das Warnschild „Vögel auf der Straße" ins Auge. Das ist kein Scherz, denn die Straße, die die ehemals weitläufig überschwemmte Niederung in Richtung Zadar vom See abschneidet, führt am westlichen Seeufer direkt durch die Vogelschwärme. Viele Vögel, darunter vor allem die gern zu Fuß gehenden Blässhühner, wechseln häufig zur Nahrungssuche über die Straße oder rennen und flattern bei Gefahr wieder zurück an den sicheren See. Für Vogelbeobachter gibt es hier mehrere ideale Stellen. Kommt man vom Meer her, stößt man gleich am Seeufer auf eine kleine Informationshütte („Ulaz Crkvine"), von der aus sich ein schöner Blick über die Wasserfläche und den Strand bietet. An der tiefsten Stelle der Straße verhindert heute ein niedriger Damm auf der Seeseite Überschwemmungen des Acker- und Weidelandes auf der anderen Straßenseite. Dieser Damm eignet sich ebenfalls sehr gut, um nach Vögeln Ausschau zu halten. Außerdem steht hier die Beringungsstation, deren Turm auch für Besucher zur Beobachtung geöffnet ist. Die Kernzone um die Reiherkolonie befindet sich auf der anderen Seite des Sees und es lohnt sich, am Rande des Ackerlandes den Fußweg entlang dorthin zu gehen.

Bild: M. Schneider-Jacoby

Informationspunkt Prosika.

Der zweite Zugang zu einem sehr geeigneten Beobachtungsplatz liegt am Ostende des Sees, etwa vier Kilometer vor dem nächsten Ort Pirovac; er folgt dem Kanal „Prosika" bis zum gleichnamigen kleinen Fischerhafen am See. Am Kanal gibt es Parkplätze und am See einen sehr schönen Rastplatz. Ein kleiner Beobachtungsturm lädt zum Verweilen ein. Fahrrad- und Wanderwege führen rund um den See. Neben den Vögeln sind auch die Insekten sehr interessant. Im April fliegt hier zum Beispiel die aus Afrika südlich der Sahara zuwandernde Schabracken-Königslibelle (Anax ephippiger). Informationstafeln erklären den Kanal und die verschiedenen Fischarten, die durch ihn in den See einwandern. Der Kanal verhindert heute die früher großen Überschwemmungen der gesamten Niederung westlich des Sees und der Straße Pakostane – Vrana.

Ein attraktiver Aussichtpunkt „Kamenjak" liegt auf der Nordseite des Sees. Man kann ihn mit dem Auto erreichen, aber schöner ist es zu Fuß oder mit dem Rad. Aus 260 m über dem Meer bietet sich ein traumhafter Ausblick über den See und das gesamte Archipel der Kornaten. Naturparkranger stehen den Besuchern zur Verfügung und die aufgestellten Tafeln informieren über die Geschichte der Region und Besonderheiten in der Natur. An den Informationsstellen wird ein kleines Eintrittsgeld erhoben; man erhält dann eine Karte, die recht hilfreich ist für den Besuch des Naturparks und die Planung von Wanderungen.

Bild: M. Schneider-Jacoby

Aussichtspunkt Kamenjak.

Naturpark Lastovo – Park prirode Lastovsko otočje

Der Archipel Lastovo vor der Südküste Dalmatiens besteht aus über vierzig kleinen Inselchen, die sich um die Hauptinsel Lastovo scharen. Ende 2006 wurde der gesamte Archipel zum elften kroatischen Naturpark erklärt. Er umfasst rund 200 km^2; drei Viertel seiner Fläche bestehen aus marinen Lebensräumen. Der Naturparkstatus wurde verliehen mit dem Ziel, die ursprüngliche Kulturlandschaft, die zum Teil endemischen Tiere und Pflanzen und die noch vorhandenen Bauwerke aus dem 15. und 16. Jahrhundert zu erhalten; gleichzeitig soll die lokale Bevölkerung ihre Insel landwirtschaftlich nutzen und touristisch vermarkten können. Naturinteressierten Besuchern hat der Archipel Lastovo wirklich viel zu bieten, denn in seiner zauberhaften Landschaft beherbergt er neben einer überaus reichhaltigen Vogelwelt viele andere interessante Tiere und Pflanzen. Natürlich bestehen im Naturpark gewisse Einschränkungen beim Fischen und Jagen.

Bild: M. Schneider-Jacoby

Bild: U. Loos

Bild oben: Lastovo-Archipel in der Morgendämmerung.
Bild unten: Kapelle Sveti Luka auf dem Weg von Lastovo nach Ubli.

Bei einem Besuch des Archipels wird man sich hauptsächlich auf die Insel Lastovo konzentrieren - ein Fleckchen Erde weit draußen im Meer, am Rande des kroatischen Staatsgebietes. Hier findet man noch richtige Eichenwälder, riesige Kiefern und - wegen der geringen Besiedlung - einen der dunkelsten Nachthimmel Europas.

Der einzige nennenswerte Ort auf der Insel Lastovo ist ein altes Dorf, das dem Archipel seinen Namen gegeben hat. Mit seinen verwinkelten Gassen schmiegt es sich an einen Berghang, der es vor Nordwinden schützt. In der Ebene breitet sich eines der vielen Karstfelder (Poljen) aus, auf dem Wein, Oliven, Kartoffeln, Gemüse und Obst angebaut werden. Auf Lastovo leben nur noch 500 Menschen; für sie ist der Tourismus eine der wenigen Einnahmequellen und die gepflegten Felder zeigen, dass man hier auf den eigenen Anbau angewiesen ist. Interessant sind die Kapernbüsche (Capparis spec.) an den Mauern des Ortes, deren Früchte von den Einheimischen in selbst hergestelltem Weinessig eingelegt werden. Am Meer liegen vier weitere kleine Ansiedlungen, darunter Ubli, wo die Fähre und ein Katamaran aus Split anlanden. Ein Hotel und auch private Apartments bieten Urlaubern Unterkunft. Auch wer ohne Auto kommt, kann die nur rund zehn Kilometer lange und fünf Kilometer breite Insel in Tagesetappen leicht erkunden. Häufig sind noch die ursprünglichen Inselwege erhalten und als Wanderwege ausgeschildert. Sie führen durch dichte Eichenwälder, an Olivenhainen und Weinbergen entlang zu den Buchten; am Wegesrand blühen im Frühling Weißer Affodill (Asphodelus), ein schönes Liliengewächs, und Orchideen.

Bild: M. Schneider-Jacoby

Leuchtturm auf Lastovo.

Mit etwas Glück kann man - neben drei verschiedenen Eidechsenarten - den großen Scheltopusik, Geckos und eine ungiftige Schlangenart, die Balkanspringnatter (Dolichophis caspius), entdecken. Die Artenvielfalt im Meer lädt zum Tauchen ein und diverse lokale Veranstalter bieten Tauchgänge in die Unterwasserwelt an.

Bild: U. Loos

Wanderweg auf Lastovo.

Vor allem aber stellt Lastovo einen wichtigen Trittstein für den Vogelzug über die östliche Adria dar: Von Afrika kommend überfliegen die Zugvögel auf ihrem Weg zum Festland das südliche Italien, das Inselchen Paragruža und Lastovo sowie Korcula. Der Berg Hum ist der höchste Berg auf Lastovo und im Herbst ein günstiger Zugvogelbeobachtungsplatz. Wespenbussarde, Weihen, Kraniche und andere Vögel ziehen dann über die Insel. Hier nisten auch noch die seltenen Korallenmöven (man rechnet mit nur etwa 50 - 80 Paaren an der kroatischen Küste) und Eleonorenfalken (landesweit 60 - 70 Paare). Die kleinen Inselchen vor Lastovo dienen Seeschwalben und Sturmtauchern als Brutstätte. Am Ende der Hafenmauer von Zaklopatica, dem kleinen Hafen am Nordufer, lohnt es sich, am Abend auf die ankommenden Sturmtaucher zu warten. Hier ist der beste Platz an der Küste, wo man diese Meeresvögel mit ihren charakteristischen Rufen am Brutplatz erleben kann.

Orte zum Träumen: Quelle und Tal der Cetina

Wer nicht die Autobahn entlang der Küste, sondern die alte Nationalstraße von Knin nach Sinj benutzen möchte, erlebt eine wunderschöne Karstlandschaft, die an vielen Stellen zum Verweilen einlädt. Ein hierfür besonders empfehlenswerter Ort ist die Quelle der Cetina (Vrela cetine), wo die blaugrünen Grundwasserströme aus dem Livanjsko Polje unter dem Dinara-Massiv wieder ans Tageslicht kommen. Die Abzweigung von der Hauptstraße zur Quelle liegt 2,5 km nördlich des Ortes Vrlika und führt zum gleichnamigen Dorf Cetina. Ein bekanntes Volkslied besingt das kalte Wasser des Flusses, an dem sich die Seele betrinken kann.

Wildromantisch: die Cetina-Quelle.

Bild: M. Schneider-Jacoby

Dass dieser verträumte Ort mit seinem Frischwasser schon seit Langem besiedelt ist, zeigt die schöne Ruine der Kirche Sv. Spas (Erlöserkirche) am Rande des Poljes - ein ganz besonderes Denkmal aus dem 9. Jahrhundert. Vom Kirchhof schweift der Blick über das geschützte obere Tal der Cetina mit weiten Wiesen und schönen Wasserarmen. Das Wasser strömt aus mehreren Quellen. Der größte Quelltopf liegt im Dorf Cetina unterhalb einer weiteren schönen Kirche.

Bild: M. Schneider-Jacoby

Blick über das Überschwemmungsgebiet auf das Dinara-Massiv.

Das Überschwemmungsgebiet der Cetina beherbergt das einzige Vorkommen des Wachtelkönigs (Crex crex) an der kroatischen Küste. Außerdem brütet hier noch der Rotschenkel. Auf dem Durchzug rasten Kraniche und Rotfußfalken. Dem weiteren Verlauf des Flusses folgend, gelangt man zum Peruča-Stausee (Peručko jezero). Wegen der wechselnden Wasserstände sind die Ufer kahl, aber die Umgebung umso ansprechender. Über kleine Straßen kann man auch auf der Nordseite des Sees von der Quelle flussabwärts fahren. Am See brütet der Gänsesäger (Mergus merganser) und im Winter rasten einige Hundert Wasservögel.

Vom Stausee flussabwärts breiten sich schöne Feuchtwiesen entlang der Cetina aus, die unterhalb von Trilj dann in einem Canyon verschwindet, der aber nicht mehr befahrbar ist. Für einen schönen Ausblick auf den Fluss kann man beim Dorf Zadvarje an der Straße von Šestanovac (Autobahnabfahrt) in Richtung Brela am Meer anhalten. Bei der Tankstelle in der Dorfmitte zweigt ein ausgefahrener Weg in Richtung Schlucht ab, gekennzeichnet mit einem Schild, auf dem „Vodopad" (Wasserfall) steht. Man gelangt so zu einem Aussichtspunkt über der Schlucht. Neben verschiedenen Rafting- und Kanutouren werden von der Mündung in Omiš aus auch Fahrten mit dem Boot in den unteren Cetina-Canyon angeboten. An der Mündung im Ort Omiš lassen sich im Winter verschiedene Wasservögel an der hier sehr steilen Küste gut beobachten.

Das Neretva-Delta

Nach der Bojana-Buna ist die Neretva der größte Zufluss zur östlichen Adria. Ihr Delta ist weltweit einmalig und kann am Besten mit dem Namen Karstdelta beschrieben werden. Der Naturpark Hutovo Blato schützt den ursprünglichsten Teil des Deltas, der in Bosnien undHerzegowina liegt. Aber auch der kroatische Teil des Neretva-Deltas mit der Mündung umfasst einmalige Naturlandschaften und eine reiche Kulturlandschaft. In Kroatien ist das Neretva-Delta als Ramsar-Gebiet geschützt; zusätzlich wurden fünf Kernzonen unter Schutz gestellt. Leider gibt es aber bis heute nur eine einzige Anlaufstelle für Besucher, nämlich die Ornithologische Sammlung in Metkovic. Diese liegt gleich an der Brücke im Ortszentrum, von der Kreuzung 50 m in Richtung Grenzübergang nach Bosnien auf der linken Straßenseite. Seit 1992 (!) ist die Ausweisung eines Naturparks in Kroatien geplant, doch wird diese immer wieder durch lokale Politiker verhindert, obwohl das Delta dringend eine nachhaltige und gemeindeübergreifende Regionalentwicklung und eine Parkverwaltung bräuchte.

Das von Kanälen durchzogene Delta kann mit Recht als „das Venedig der Kulturlandschaften" bezeichnet werden. Durch Jahrhunderte haben die Neretvaner flache Boote benutzt, um ihre Grundstücke an den Flussläufen über die zahlreichen Kanäle zu erreichen. Wie in Venedig waren hier die Boote das Hauptverkehrsmittel zwischen dem schroffen Karstfelsen, dem Fluss und dem Meer. Sie bildeten ein bewährtes Transportmittel, um die vielfältigen Produkte des Deltas zu nutzen. Noch heute wird der schmale, wie ein Einbaum aussehender „trupa" eingesetzt, wenn ein einzelner Mensch etwas transportieren will. Ebenso dient der breite Lastkahn „lađa" immer noch als Transportmittel - heute z.B. auch für Touristen. Berühmt ist bereits der lađa-Marathon, der viel zu Erhaltung der traditionellen Boote beigetragen hat und jeweils in der zweiten Julihälfte stattfindet. Gerudert wird zu Zehnt. Die Strecke führt über 22,5 km von Metković nach Opuzen.

Bild: M. Schneider-Jacoby

Auf dem Karstfluss Norin bei Vid werden noch heute die alten Lastkähne für die Beförderung der Besucher benutzt.

Durch die kleinen privat bewirtschafteten Flächen im Delta ist eine interessante Wasserlandschaft entstanden - eine Kulturlandschaft, die, wie oben beschrieben, vor allem durch Kanäle verbunden ist. Durch die Beweidung mit Haustieren wurden die Ränder der großen Schilfgebiete und Delta-Seen offen gehalten. Dadurch entstanden gute Laichplätze für Fische und Amphibien sowie Nahrungs- und Rastplätze für Reiher und andere Wasservögel, so etwa Seidenreiher und Zwergscharbe. Entlang des Flusses und seiner Seitenarme legten die Bewohner kleine Gärten und Äcker in streifenförmigen Parzellen an. Reste dieser alten Nutzungsform findet man bis heute entlang der Mala Neretva, die durch Opuzen ins Meer fließt, und an ihrem Nebenarm Crepina. Besonders charakteristisch für das Neretva-Delta sind die verschiedenen Zitrusfrüchte, insbesondere die Mandarinen. Bereits heute sind sie ein Markenzeichen und wären damit auch als Logo für den künftigen Naturpark gut geeignet.

Bilder: M. Schneider-Jacoby

Mandarinen aus dem Neretva-Delta.

Wege zum Schauen, Wandern und Rad fahren

Zahlreiche Hügel bieten einen eindrucksvollen Blick über das Neretva-Delta. Besonders interessant ist der Ort Vid, der zu römischen Zeiten noch ein wichtiger Hafen war. Zeugnisse aus dieser Zeit kann man dort in einem modernen Museum besichtigen. Reste einer wunderschönen römischen Villa zwischen Gabela und Capljina sind auf der anderen Seite der Grenze in Bosnien und Herzegowina zu bewundern. Nach einem Fußweg durch die verwinkelten Gassen oder mit dem Auto auf der Fahrstraße, die sich im Gegenuhrzeigersinn um den Berg nach oben windet, gelangt man auf den Hügel in Vid (**N1**). Dort bietet sich vom Kirchplatz aus ein weiter Blick über die Schutzgebiete Prud (an der Grenze zu Bosnien und Herzegowina) und Pod gredom (in Richtung Meer). Von hier aus sind auch die zahlreichen kleinen Seen, die von den Jägern gegraben wurden, einzusehen, und mit etwas Glück entdeckt man die eine oder andere Moor- oder Knäkente; Rohrweihen und Reiher lassen sich leichter beobachten. Besonders schön schallt im Frühjahr oben an der Kirche an Abenden oder in der Nacht dumpf und zweisilbig der Ruf der Großen Rohrdommel. Ein Spaziergang entlang dem Hügelrand - man kann auch gut mit dem Fahrrad fahren - lohnt sich. Ein guter Feldweg führt dort an vereinzelten Häusern vorbei und um das Schutzgebiet Pod gredom (**N2 – 4**).

Noch schöner ist der Blick über den Kuti-See von der kleinen Straße aus Metković in Richtung Neum (**N5**). Oben, kurz vor dem Grenzübergang, der nur für die lokale Bevölkerung geöffnet ist, gewinnt der Besucher einen

Bild: M. Schneider-Jacoby

Kuti-See.

Bild: P. Sackl

Rohrdommel.

Eindruck von der früher gewaltigen Größe der Überschwemmungsflächen im Neretva-Delta. Auf halbem Wege nach oben biegt unterhalb der Zollstelle in Kroatien eine neue, schmale Straße in Richtung Küste ab, die im Ort Klek kurz vor dem Grenzübergang nach Neum in Bosnien und Herzegowina endet. Das Sträßchen oberhalb des Kuti-Sees ist auch gut geeignet zum Wandern und Rad fahren. Ebenso bietet sich das Fahrrad für die Fahrt zum Kuti-See ab Metkovic an. In Opuzen lohnt sich der Aufstieg zu der Festung und dem Friedhof oberhalb der Stadt (**N6**). Von oben sieht das System der Plantagen, die sich in die natürlichen Schilfwälder fressen, sehr schön aus, doch sollten die Landgewinnungsmaßnahmen endlich Halt machen vor den letzten Schilfgebieten.

Wer die verschiedenen Vogelarten der Kulturlandschaft sehen will, kommt an mehreren landschaftlich reizvollen Plätzen auf seine Kosten. Besonders interessant sind die Wege entlang der Zypressenalleen (Cupressum sempervirens) (**N7**) oder dem Neretva-Seitenarm Crepina (**N8**). Beide Wege befinden sich auf der Meerseite der Hauptstraße nach Dubrovnik. Die Abzweigung führt in Richtung Blace und dem Campingplatz Rio (**N9**). Hier empfiehlt es sich, die abzweigenden Feldwege zu Fuß oder mit dem Fahrrad zu erkunden. Entlang dem Wasser ab der Schleuse über die Crepina oder entlang den Alleen leben zahlreiche Arten, nach denen man Ausschau halten kann, so zum Beispiel Beutelmeisen, die in der Regel in Nestern über dem Wasser brüten, Bienenfresser, Schwarzstirnwürger und Wiedehopfe. Es lohnt sich immer, auch in die kleinen Kanäle und Wasserläufe zu schauen, deren typische Bewohner Sumpfschildkröten und Würfelnattern sind. Ebenso lassen sich Eisvögel, Teichhühner und Zwergrohrdommeln hier blicken.

Ein anderes wunderschönes Gebiet liegt am rechten Ufer der Neretva gegenüber von Opuzen. Zwischen Komin und Kula Norinska (**N10**) erstrecken sich Weiden und Wiesen mit hohen Zypressen. In dieser Gegend, die die Einheimschen als „Luke" bezeichen, brüten gleich mehrere Paare des Schwarzstirnwürgers, und auch der Schlangenadler jagt hier regelmäßig (**N11**).

Den beeindruckendsten Blick über die Mündung der Neretva bietet der Pilgerweg auf den Berg über dem Dorf Rogotin. Das Auto kann man unten am kleinen Hafen im Ort abstellen, und dort beginnt auch der Weg neben einer Informationstafel zwischen den Häusern (**N12**).

Karte Neretva-Delta

Karte: B. Stumberger & K. Sauer

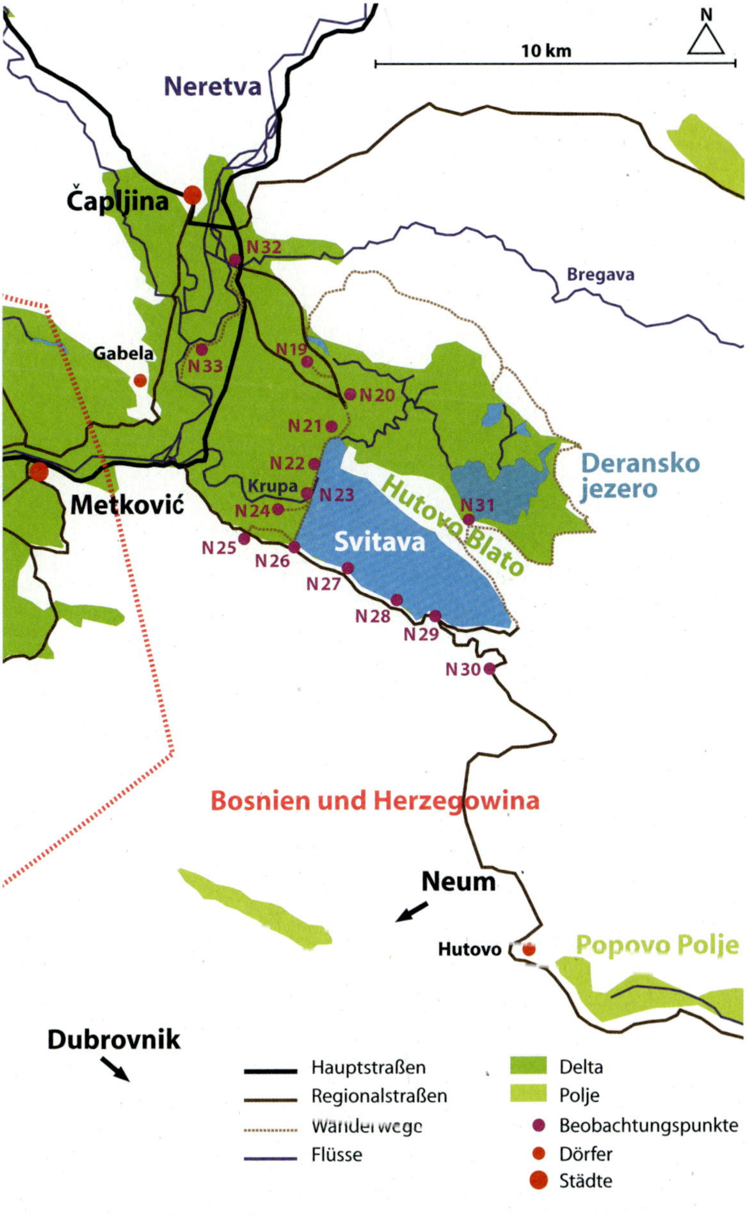

10 km
N
Neretva
Čapljina
Bregava
N 32
Gabela
N 33
N 19
N 20
N 21
N 22
Krupa
N 23
N 24
Metković
N 25
N 26
N 27
N 28
N 29
N 30
N 31
Deransko jezero
Hutovo Blato
Svitava
Bosnien und Herzegowina
Neum
Hutovo
Popovo Polje
Dubrovnik
Hauptstraßen
Regionalstraßen
Wanderwege
Flüsse
Delta
Polje
Beobachtungspunkte
Dörfer
Städte

Der Aufstieg windet sich rund um den Berg nach oben. Als Belohnung winkt eine weite Aussicht über die Bucht Parila und die Neretva-Mündung. Auch der Uhu liebt diesen Aussichtspunkt und sitzt gelegentlich unter dem Gipfelkreuz. Es lohnt sich, das Fernrohr mitzuschleppen, wenn man sich einen genauen Überblick über die Verteilung der Wasservögel machen will.

Um die Wasser- und Meeresvögel aus der Nähe zu sehen, muss man am linken Ufer der Neretva bis an die Mündung fahren. Der Uferweg beginnt etwa einen Kilometer oberhalb der großen Neretvabrücke bei Rogotin (**N14**). Die andere Zufahrt führt aus Richtung Blace und dem Camp Rio am Meer entlang (**N9**). Die Neretva-Mündung weist noch kleine Flächen mit interessanten Halophytengesellschaften auf (**N15, 16, 17**). Ihre Schlickflächen sind ein Knotenpunkt für durchziehende Limikolen, Reiher, Löffler, Möwen und Seeschwalben. Je nach Wetterlage ist mit einigen Hundert Wasservögeln zu rechnen. Sichler, Dünnschnabel- (Larus genei), und Schwarzkopfmöwe, Lachseeschwalbe, Kiebitzregenpfeifer (Pluvialis squatarola), Sichelstrandläufer und Regenbrachvogel können zur Zugzeit als Besonderheiten zum Repertoire gehören.

Das kleine Sträßchen auf dem Hochwasserdamm eröffnet an mehreren Stellen gute Ausblicke auf die rastenden Wasser- und Watvögel. Mit etwas Glück lassen sich die Vögel auch aus der Nähe beobachten. Leider ist das geschützte Gebiet immer noch vielfältigen Störungen durch Wassersportler und Fischer ausgesetzt. Trotzdem kann es gelingen, auch Seltenheiten wie die Korallenmöwe oder verschiedene Meeresvögel auszumachen. Besonders spannend ist es zum Beispiel, wenn man Trauer- (Melanitta nigra) und Samtente (Melanitta fusca) oder Stern- (Gavia stellata) und Prachttaucher (Gavia arctica) zum Vergleich zu sehen bekommt. Mit einzelnen Stopps geht der Beobachter am Besten bis ganz zur Spitze an der Mündung (**N18**), wo ein kleines Leuchtfeuer die Einfahrt in den Fluss für die Fischerboote markiert.

Bild: D. Kitonic

Löffler an der Neretva-Mündung.

Solana Ston mit Halbinsel Pelješac

Eine eindrucksvolle Wehrmauer aus dem 14. Jahrhundert sperrt den engen Zugang zwischen den Festungen Mali und Veliki Ston zur 65 km langen Pelješac-Halbinsel. Seinerzeit konnten die Dubrovniker mit dieser Anlage die Saline und ihre Ländereien schützen. Heute rufen von der mächtigen Mauer die Zwergohreulen und gegenüber der Uhu. Von der Wehranlage in Veliki Ston reicht der Blick weit über die alte Saline (siehe S. 53). Gut übersichtlich erstreckt sich das Feuchtgebiet über fast einen halben Quadratkilometer. Der südlich der Saline liegende Schilfgürtel hat eine Fläche von rund zehn Hektar. Dort kann man die Zwergrohrdommel sehen, und er beherbergt auch eine kleine, aber dichte Population von Drosselrohr- und Seidensängern (Cettia cetti). In der Saline selbst halten sich vereinzelte Limikolen auf; Reiher trifft man das ganze Jahr über an. Den besten Blick in die Saline, deren Kristallisationsteiche die Namen christlicher Heiliger tragen, hat man von der Straße von Ston zum kleinen Hafenstädtchen Broce am Ende der schmalen Meeresbucht. Hier, auf der anderen Straßenseite gegenüber der Saline, sind im Winterhalbjahr Zwerg-, Hauben- (Podiceps cristatus) und manchmal auch weitere Taucherarten zu beobachten.

Die Hauptattraktion der Gegend sind aber die mediterranen Gärten von Ston mit dem Olivenspötter, der Samtkopfgrasmücke (Sylvia melanocephala) und der Nachtigall, die hier in außergewöhnlicher Dichte vorkommt. Begehen kann man die Gärten auf einem drei Kilometer langen Makadamweg, der nahe den Lagergebäuden der Saline beginnt und mitten durch das Stonsko Polje führt. Die Vielfalt an Kulturen, bestehend aus Zitrusfrüchten (Agrumen), Feigen, Olivenbäumen, Gewürzen, Wein und Gemüsesorten, ist überwältigend. Weidensperlinge (Passer hispaniolensis), die in Ston ihre Kolonien auf Bäumen anlegen, können hier reichlich Nahrung finden.

Die Halbinsel Pelješac ist touristisch noch nicht erschlossen: Karstfelder und Gärten, umgeben von einer malerischen Bergkulisse, bilden eine interessante Kulturlandschaft, in der es manches zu entdecken gibt. Übrigens ist Ston mit der Halbinsel Pelješac wegen der Schakale bekannt: Es kommt vor, dass man sie am Abend nicht nur hört, sondern auf Pelješac entlang der Hauptstraße nach Abfällen suchen sieht. Neben Froschkonzerten begleiten den Spaziergänger in der Dämmerung Eulenrufe und Nachtigallengesang; oft leiten dann auch die Rudel der Goldschakale ihr nächtliches Treiben mit einem kleinen Ständchen ein.

Von der Brücke in die Altstadt von Ston lassen sich Würfelnattern beobachten.

Stadtmauer von Ston.

Bild: D. Kitonic

Die Blaumerle singt auf der Stadtmauer von Ston.

Bilder: M. Schneider-Jacoby

Saline von Ston.

Dubrovnik, die „Segler"-Metropole

Die Altstadt von Dubrovnik ist eine Weltklasse für sich. Am Abend wird die historische Stadt, die unter UNESCO-Schutz steht, zu einer Metropole der Alpen-, Fahl- und Mauersegler (Apus apus). Buchstäblich vom Himmel fallen 800 bis 1.000 Alpen-, Fahl- und Mauerseglerpaare, die an den alten Mauern und ehemaligen Prachtbauten nisten. Die wendigen Jäger der Lüfte nutzen jeden verfügbaren Platz an den Palästen und Renaissancehäusern, um dort zu brüten. Die Dubrovniker wussten früher auf den Tag genau, wann die ersten Alpensegler zurückkommen: im Frühling erwarteten und begrüßten sie die Vögel jeweils an der Spitze des Stadthafens. Von Mitte April bis Mitte Juni sieht man die Vogeltrupps immer wieder balzend und wenige Meter über den Köpfen der Menschen mit atemberaubender Eleganz und schwirrenden Trillern vorbeisausen - ein Mittelmeer-Spektakel, das immer wieder fasziniert. Ab Ende Juni bis in den August schließen sich Alt- und Jungvögel zusammen und der Himmel bedeckt sich in der Abendämmerung mit einer Wolke von Seglern.

Bild: M. Schneider-Jacoby

Blick auf Dubrovnik von Bosanka aus.

Beeindruckend ist auch der Kleinvogelzug in der Altstadt von Dubrovnik, in der im Frühling und Herbst alle möglichen Arten - von Braunkehlchen bis Schafstelzen - rasten. Aber auch Wasservögel wie Schwarzstörche oder Sichler ziehen auf ihrem Flug entlang der Adriaküste über die Altstadt. Solche Erlebnisse lassen den Besuch der historischen Festung zum Höhepunkt eines Natururlaubs werden und vermitteln die typische Adria-Atmosphäre.

Ebenso lohnt sich ein Abstecher zur nur 500 m entfernten Insel Lokrum mit ihrem Botanischen Garten und dem Naturhistorischen Museum. Außerdem empfiehlt sich ein Ausflug mit den regelmäßig verkehrenden Schiffen zu den Inseln der Elaphiten, etwa nach Šipan und Lopud. Am günstigsten ist das Kursschiff ab dem Hafen unterhalb der großen Brücke.

Wer den Aufenthalt in Dubrovnik mit einem Natururlaub verbinden will, übernachtet am Besten im Dorf Bosanka hoch über der Stadt. Allein der Abstieg über den wunderschönen historischen Steig wird jeden begeistern: der Blick auf die Altstadt und das Meer ist wahrhaft überwältigend, und im Frühjahr färbt sich der Hang mit blühenden Iris und vielen anderen Blumen. Oben im Dorf befindet sich der Archehof von Ilar Paskojević mit der größten Herde der alten Buša-Kuhrasse in Kroatien. Nach Bosanka gelangt man auf einer kleinen, steilen Fahrstraße, die nach etwa einem Kilometer von der Hauptverkehrsstraße, die von der Altstadt in Richtung Süden (Cavtat und Flughafen) führt, abzweigt.

Bild: M. Schneider-Jacoby

An der Straße von Dubrovnik nach Montenegro beginnt hinter dem Flughafen die Landschaft Konavlje mit einer reichen mediterranen Vegetation und einem Kranichrastplatz.

Auf den Felsen über dem Meer erstreckt sich Dubrovnik, eine Stadt mit reicher Vergangenheit.

Bilder: M. Schneider-Jacoby

Stradun, die Hauptstraße von Dubrovnik.

Bilder: Jürgen Schneider

Alpensegler.

Fahlsegler.

Bosnien und Herzegowina

Naturpark Hutovo Blato (Neretva-Delta)

Das einzige große Feuchtgebiet Bosniens an der Adria ist gleichzeitig auch eines der interessantesten an der gesamten Ostküste. Das Herzstück bildet der 17 km² große Karstsee Deransko Jezero. Er liegt versteckt zwischen den umliegenden Bergen und hinter dem kleinen Hügel Karaotok, der vor der Regulierung des Neretva-Deltas wie eine Insel aus den Überschwemmungsflächen herausragte. Der zusammengesetzte Name der ehemaligen Insel - „Otok" (kroatisch Insel) mit dem türkischen Adjektiv „kara" für die Farbe Schwarz - weist, wie viele Ortsnamen, auf die wechselvolle Geschichte der Region hin. Die Bezeichnung „schwarz" beruhte ursprünglich auf der dunklen Farbe des verwitterten Karstgesteins, das zu Zeiten des Osmanischen Reiches bei Hochwasser über der Wasseroberfläche zu sehen war. Vom Aussichtsspunkt (Vidikovac) aus, gleich oberhalb der neuen Zufahrtsstraße, lässt heute ein dichter Zypressenwald die Insel schwarz erscheinen (**N19**). In diesem Wald befindet sich einer der schönsten Übernachtungsplätze für Vogelbeobachter an der ganzen Küste.

Bild: M. Schneider-Jacoby

Bänke und Tische auf dem Vidikovac mit Blick über den Deransko Jezero (N19).

Der Deransko Jezero mit den ihn umgebenden Sumpf- und Überschwemmungsgebieten ist der besterhaltene Karstsee im gesamten Neretva-Delta. Hier münden immer noch die unterirdischen Zuflüsse aus dem Popovo Polje und vor allem dem Dabarsko Polje. Das Wasser aus dem Popovo Polje gelangt nur unterirdisch in das Neretva-Delta. Beim Dorf Hutovo, welches man über das wunderschöne Sträßchen von Svitava in Richtung Neum erreicht, verschwindet das Wasser und kommt auf Meereshöhe im Sumpf von Hutovo, dem Hutovo Blato, wieder zum Vorschein. Das Wasser aus dem Dabarsko Polje dagegen versickert und quillt zuerst im Fluss Bregava wieder aus der Erde, der durch die Gemeinde Stolac fließt. Von dort aus strömt es durch ein zauberhaftes Tal mit Schlangenadlern und Felsenschwalben der Neretva zu. Aber auch auf dieser Strecke versickert wieder ein großer Teil des Wassers, bis es dann in einer mächtigen Quelle aus dem Grund des Deransko Jezero austritt. Deshalb führt die Bregava an ihrer Mündung in die Neretva unterhalb von Capljina und an der Zufahrt zum Naturpark oft nur wenig Wasser.

Bild: M. Schneider-Jacoby

Die klare Krupa verbindet den Naturpark mit der Neretva (N23).

Neben dem Deransko Jezero umfasst der Naturpark Hutovo Blato noch drei weitere, sehr interessante Großlebensräume. Gleich neben dem kleinen Hügel Karaotok, auf dem sich die Naturparkverwaltung befindet (**N20**), trennt ein Hochwasserdamm die trockengelegten Teile des Naturparks von den Karstseen. Dieses Kulturland liegt zwar in einem Polder, doch werden die Bereiche am Damm immer noch regelmäßig überschwemmt und bieten Rastplätze für Gänse, Kraniche und Watvögel. Vom Damm aus kann man wunderschön Wasserrallen (Rallus aquaticus), Cistensänger und viele andere Arten beobachten (**N21**). Es lohnt sich, ein bis zwei Stunden am Ufer der Krupa Halt zu machen, um sich an den ein- und ausfliegenden Vögeln oder an den verschiedenen Libellenarten und Wasserpflanzen, die es hier zu entdecken gibt, zu erfreuen (**N22**). Übrigens ist das klare Wasser des Flusses, der aus dem Deransko Jezero fließt und den Naturpark mit der Neretva und dem gesamten Delta verbindet, auch bestens zum Baden geeignet.

Hat man über die Ponton-Brücke das linke Ufer erreicht, bietet der Wanderweg einen Blick auf den 11 km^2 großen Svitava-See. Zu Fuß gelangt man hier über eine Schleuse auch auf die andere Seite der Krupa (**N23**). In diesem Teil des Naturparks hält ein Damm das Wasser künstlich auf Hochwasserniveau. Das Grundwasser strömt heute nur noch teilweise aus den Höhlen durch die Bäche um den Svitava-See, da es aus dem Popovo Polje über einen Tunnel in die Turbine des Wasserkraftwerkes im Dorf Svitava geleitet wird.

Bild: M. Schneider-Jacoby

Deransko Jezero.

Unterhalb des Svitava-Dammes auf der linken Seite des Krupa-Flusses gehört noch ein schönes Wiesengebiet zum Naturpark (genannt Plana, **N24**). Wie auch am Svitava-Stausee (**N25 - N28**) lassen sich die Vögel am Besten von der kleinen, zum Dorf Svitava führenden Straße aus beobachten (**N29**). In den Wiesenflächen steht oft Wasser, und Enten und Limikolen sind hier auf der Nahrungssuche.

Bild: M. Schneider-Jacoby

Vogelbeobachten vom Wanderweg zwischen Svitava und Deransko Jezero (N31, S. 177).

Alle vier wichtigen Teilgebiete (Deransko Jezero, Svitava-Stausee, Kulturland und Wiesen) bilden zusammen ein besonders attraktives Rast- und Brutgebiet für Wasservögel, das malerisch zwischen den weiten Karsthügeln liegt. Der Blick von der Straße ins Dorf Hutovo und nach Neum reicht weit über das gesamte Delta nach Kroatien, und die bis 900 m hohen Bergspitzen auf der Halbinsel Pelješac wirken im Hintergrund wie eine Gebirgskette (**N30**).

Heimat des Krauskopfpelikans

Der Krauskopfpelikan wurde erst im 19. Jahrhundert als neue Vogelart entdeckt, und zwar in den weiten Sümpfen des Neretva-Deltas. Heute lässt sich die einst riesige Ausdehnung des Sumpfgebiets nur noch beim Blick über den Kuti-See in Kroatien und im Naturpark Hutovo Blato in Bosnien erahnen. Inzwischen fehlt der Pelikan leider in der Vogelwelt des Neretva-Deltas, aber viele andere Arten kann man hier immer noch schön beobachten. Dabei könnte der Naturpark Hutovo Blato als größtes Jagdbanngebiet noch weit bessere Möglichkeiten bieten, wenn das Jagdverbot nicht nur auf dem Papier stünde, sondern den Wilderen endlich wirklich das Handwerk gelegt würde. Auf dem Stausee Svitava brüten etwa 20 Paare Moorenten; die Familien kommen im Juli und August am Abend aus den Schilfinseln (N25). Bis 2.000 Zwergscharben suchen hier nach Nahrung und zahlreiche Rallenreiher sitzen auf den Schwimmblättern. Hält man Ausschau von den Hochwasserdeichen aus, kann man die regelmäßigen Nahrungsflüge der Seidenreiher, Rallenreiher, Moorenten und vieler anderer Arten vom Deransko Jezero in die zahlreichen Wasserarme des Neretva-Deltas beobachten. 640 - 950 Paare zählt die Reiher- und Zwergscharbenkolonie in den weiten Feuchtflächen des Naturparks - eine große Besonderheit an der Küste. Doch kann man die Vögel nicht an ihren Brutplätzen betrachten, denn sie verstecken sich - wie früher die Pelikane - in den Sümpfen des Deransko Jezero. An der Krupa aber sieht man alle Brutvögel aus nächster Nähe vorbeifliegen (N22). Auf dem Wanderweg durch die Karsthügel (N31) um die beiden Seen fliegen manchmal Steinhühner auf, und gelegentlich zeigen sich über den Hängen verschiedene Greifvögel wie Wanderfalke oder Schlangenadler.

Bild: B. Stumberger

Zwergscharben.

Ergiebige Chancen zur Vogelbeobachtung

Auf der Straße von Mostar in Richtung Metković und zur kroatischen Grenze zeigen Hinweisschilder die Einfahrt zum Naturpark Hutovo Blato an (**N32**). 700 m nach der Abzweigung Čapljina vor dem Ort Karaotok biegt eine bessere, neue Zufahrt direkt an der Brücke über die Bregava ab und führt am Deransko Jezero entlang. Die Naturparkverwaltung Hutovo Blato (**N20**) hat erste Informationen für den Natururlaub entwickelt, doch die Beschilderung der Wege muss noch verbessert werden – ein Mangel, der sich vor allem bei einer Wanderung um den Deransko Jezero bemerkbar macht (**N31**). Während der Tourismussaison und auf Nachfrage bietet die Parkverwaltung Bootstouren auf dem Deransko Jezero an, bei denen das klare Wasser und der Blick auf den Boden des Karstsees beeindrucken. Doch leider führen Eingriffe in die Landschaft oberhalb der Karstpolje immer wieder zu Wassermangel, da das kostbare Nass in den Speichersee bei Bileća und dann in das kroatische Wasserkraftwerk Plat bei Dubrovnik abgeleitet wird.

Bild: M. Schneider-Jacoby

Der Naturpark bietet Bootsfahrten an.

Einfache Zimmer und eine wunderschöne Terrasse, auf der man beim Frühstück den Pirol rufen hört, bietet das Motel Karaotok (**N20**). In manchen Jahren kann man sogar sein Nest von der Terrasse aus sehen. Auch Blutspecht (Dendrocopus syriacus), Wendehals, Schwarzstirnwürger und Wiedehopf haben direkt neben dem Frückstückstisch ihre Reviere. Gute Vogelbeobachtungsstellen auf dem Damm (**N21**) und an der Krupa (**N22**) sind von Karaotok aus leicht zu Fuß erreichbar. Aber auch in Richtung Bregava-Tal führt ein Weg an den großen Schilfflächen entlang und zu einem Aussichtspunkt Orlov kuk (**N19**) direkt über dem Deransko Jezero. Ebenso kann man ab dem Dorf Svitava zu Fuß den Hügel zwischen dem See Svitava und dem Deransko Jezero ersteigen (**N31**). Der Weg führt dann ganz um den See herum, ist aber für eine Tagestour doch etwas zu lang. Fahrräder werden an der Informationsstelle des Naturparks verliehen.

Bei Čapljina münden die letzten Nebenflüsse - die Bregava von links und der Trebižat von rechts - in die Neretva. Hier ist sie - obwohl von allen Seiten durch Kiesabbau und Deponien bedrängt - noch ein schöner, breiter Wildfluss. Wenn man auf dem Hochwasserdamm bei der Zufahrt zum Naturpark an der Bregava-Mündung spazieren geht (**N32**), breiten sich nach einem Kilometer die offenen Kiesbänke aus (**N33**), auf denen Flussregenpeifer und Flussuferläufer brüten. In den Steilwänden und Abbruchkanten graben Uferschwalben, Eisvögel und Bienenfresser ihre Höhlen. Auch der Triel ruft hier noch am Abend.

Bild: M. Schneider-Jacoby

Neretva unterhalb Čapljina (N33).

Popovo Polje

Das Popovo Polje ist etwa 180 km^2 groß; zwei Drittel davon waren früher regelmäßig überschwemmt. Der Hauptfluss, die Trebišnjica, fließt seit der Regulierung leider in einem Betonbett. Zuvor speiste sein Wasser nicht nur das Neretva-Delta, sondern auch Quellen an der Küste, so etwa eine starke „vrulje" bei Slano im Meer und den Fluss Ombla, der in den Fjord Rijeka Dubrovačka mündet, über den die Hauptverkehrsstraße bei Dubrovnik führt. Die Ombla ist nur 4,5 km lang und entspringt aus einer großen Höhle.

Das Popovo Polje erreicht man, vom Neretva-Delta kommend, am Besten über die kleine Straße, die sich vom Svitava-See aus in Serpentinen nach oben windet. Anschließend führt die Straße zuerst in Richtung Neum und biegt dann - bereits wieder auf dem Weg abwärts - nach Osten in das Dörfchen Hutovo ab. Von dort fährt man auf einem schmalen Fahrweg an der Südseite des Poljes auf halber Höhe am Hang entlang in Richtung Ravno weiter. Dieses Sträßchen war früher die Eisenbahntrasse nach Dubrovnik. Es liegt hoch am Hang, da der Wasserstand im Popovo Polje vor der Regulierung 40 Meter erreichen konnte. Doch auch im Januar 2010 stieg das Wasser wieder einmal um mehrere Meter an und die Straße bei Hutovo war überschwemmt. Obwohl heute die ehemals gewaltigen Hochwässer fehlen, ist die weite Aussicht auf die reizvolle Landschaft beeindruckend, wenn man oben am Hang entlangfährt. Die Strecke lädt auch zum Rad fahren und zur Vogelbeobachtung ein, denn nur selten begegnet man einem Auto.

Bild: M. Schneider-Jacoby

Blick auf das Popovo-Polje.

An den blumenbunten Hängen lassen sich von beliebigen Punkten aus bis zu vier Kappenammern erlauschen, und noch bis in den Juli hinein ruft die Wachtel aus den Talwiesen. Um das schmale Sträßchen auf der früheren Eisenbahntrasse zu entlasten, wurde inzwischen eine weitere Straße über den Berg von dem Dorf Trnčina nach Ravno gebaut. Dadurch ist nun ein schöner Rundweg von rund 13 km entstanden. Von Ravno sind es entlang dem Hang an der Südseite des Poljes noch fünf km bis zur Höhle Vjetrenica. Auf einem schmalen Fahrweg kann man von dort auch weiterfahren bis an die Straße von Trebinje nach Dubrovnik. Die Hauptstraße von der Neretva führt aber an der nördlichen Hangseite entlang über das Städtchen Stolac. Nach Ravno gelangt man auf einer der wenigen Straßen, die das Polje durchqueren.

Leider ist der westliche Teil des Popovo Polje durch Minenfelder verseucht, weil auch hier - an der heutigen Grenze zwischen den bosnischen Teilstaaten Serbische Republik und Föderation - erbittert gekämpft wurde.

Neben der Fahrt durch das Popovo Polje ist auch die Fahrt durch die oberhalb liegenden Karstpoljen beeindruckend. Eine Straße führt von Stolac über das Tal der Bregava ins Dabarsko Polje und ins Fatničko Polje. Oder aber man wählt die Strecke von Trebinje nach Norden, vorbei am Bilećko Jezero, einem großen Stausee, in das Gatačko Polje. Um das malerische Zentrum von Trebinje herum beeindrucken die alten Wasserräder, wie man sie im Nahen Osten oder Afrika teils noch heute für die Bewässerung benutzt. Auf ebenfalls schönen Straßen gelangt man abseits der Küste von Trebinje oder Bileća am See in Richtung Nikšić nach Montenegro.

Wasserräder bewässern noch heute die Felder mit der Strömung der Trebišnjica.

Osmanische Brücke in Trebinje.

Bilder: M. Schneider-Jacoby

Mostarsko Blato

Während der letzten Jahre war der Mostarsko Blato, der Sumpf von Mostar, immer gut gefüllt mit Wasser. Aber im Frühjahr 2010 wurde die erste Turbine im Kraftwerk unten an der Neretva an einen Tunnel angeschlossen, durch den heute das Wasser abfließt. Bislang kann man noch nicht sagen, wie sich die Nutzung der Wasserkraft auf dieses schöne Wiesengebiet auswirken wird. Das Karstpolje liegt auf 220 m Höhe und Mostar, wo das Wasser wieder an das Tageslicht kommt, bereits 150 Höhenmeter tiefer. Zurzeit ist der Mostarsko Blato mit bis zu 2.500 Vögeln der wichtigste Kranichrastplatz an der Adriaküste. Auch an die 200 Löffler nutzen das weite Wiesengebiet zur Rast. Besonders beeindruckend ist der Limikolenzug im Frühjahr, wenn bis zu 2.000 Bruchwasserläufer auf den Feuchtwiesen rasten. Am Abend sammeln sich oft mehrere Tausend Mittelmeermöwen zum Schlafen und einige Hundert Knäkenten rasten im Frühjahr in diesem interessanten Gebiet, durch das der kleine Fluss Lištica ganzjährig klares Wasser führt.

Vogelbeobachtung ist am Mostarsko Blato von allen Seiten aus möglich, denn rund um das Karstpolje führen Straßen. Nur das letzte Stück im Osten von der Hauptstraße um den Sumpf, gleich am Pass oberhalb Mostar, ist noch nicht fertig gebaut. Je nach Wasserstand halten sich die rastenden Vögel in verschiedenen Teilen des Poljes auf; es lohnt sich deshalb, zuerst zu prüfen, wie hoch das Wasser steht.

Bild: M. Schneider-Jacoby

Bis an die Straße von Mostar in Richtung Tomislav Grad und Livno reicht das Hochwasser im Mostarsko Blato.

Karte Livanjsko Polje

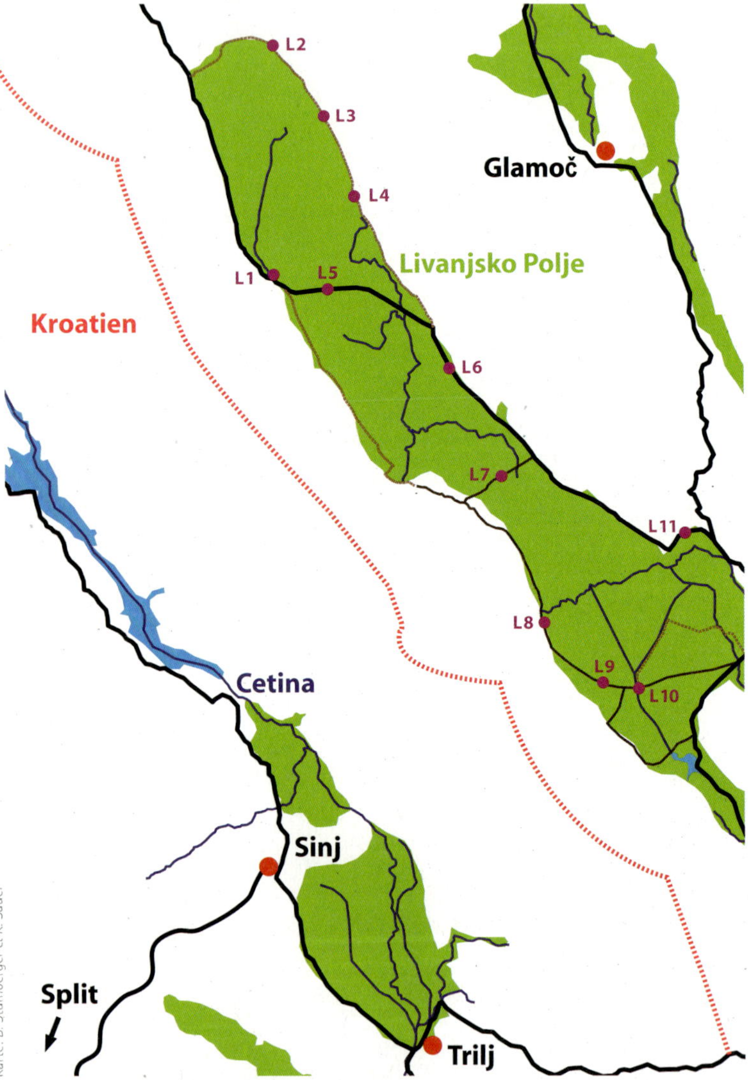

Karte: B. Stumberger & K. Sauer

N
10 km
Kupres
Bosnien und Herzegowina
L18
Livno
Šuica
Tomislavgrad
L14
L13
L16
L15
Busko Blato
L17
L12
Duvanjsko Polje
Hauptstraßen
Regionalstraßen
Wanderwege
Flüsse
Polje
Beobachtungspunkte
Dörfer
Städte

Livanjsko Polje

Das Livanjsko Polje ist mit einer Fläche von 410 km^2 das größte periodisch überschwemmte Karstpolje der Welt. Gemeinsam mit dem Kupreško, Glamočko und Duvanjsko Polje bildet es die nördliche Gruppe der Karstpoljen Bosniens. Durchschnittlich 720 m hoch gelegen und 30 bis 40 km von der Küste entfernt, erstreckt sich das Livanjsko Polje über eine Länge von 65 Kilometern in der Hauptrichtung des Dinarischen Gebirges, also von NNW nach SSO. Auch die Breite der Ebene mit durchschnittlich sechs km (maximal 11,5 km) ist für die Dinarischen Alpen bemerkenswert. Gelegen im südwestlichen Bosnien, ist das Polje von bis über 2.000 m hohen Karstbergen eingekesselt. Im Westen Richtung Meer wird es durch die Bergkette des Dinara, dem höchsten Berg Kroatiens, begrenzt. Im Norden liegt der Gipfel des Šator im Staretina-Gebirge. Im Uhrzeigersinn um das Polje herum erheben sich außerdem die Berge Golija und Cincar und im Süden der Gipfel des Tušnica gegenüber dem Kamešnica-Gebirge im Südwesten.

Das Polje wird unterirdisch von Karstquellen bewässert, die überwiegend an seinem nördöstlichen Rand entspringen, und an seinem südwestlichen Rand durch Ponore (Schlucklöcher) entwässert (L1). Drei ständige Karstflüsse, nämlich Sturba, Bistica und Žabljak, sowie eine Vielzahl von periodischen Karstflüssen (Jarugas) durchziehen das Livanjsko Polje. Wenn alle Wasserläufe Wasser führen, breitet sich über das Livanjsko Polje ein über 600 km langes Gewässernetz aus.

Bild: M. Schneider-Jacoby

Blick (L4) über den Kranichsumpf auf die Bergkette des Dinara.

Zahlreiche Karstflüsse wie die Struba durchströmen das Livanjsko Polje.

Bild: M. Schneider-Jacoby

Das nördliche Drittel des Poljes ist ein Moorgebiet mit dem Veliki (**L2, L3**) und Mali Ždralovac (**L4**), der Grosse und der Kleine Kranichsumpf (Ždral = Kranich). Dort bilden sich im Frühjahr periodische Karstseen. Mit 73 km^2 und einer bis zu drei Meter dicken Torfschicht ist es das größte Moor auf dem Balkan. Typisch für Livanjsko Polje sind die Auwälder mit Eichen, Eschen und sogar weiten Erlensümpfen (**L5, L6**).

Der mittlere Teil des Polje wird durch ein Mosaik aus Feucht- bis Trockenwiesen bestimmt (**L7, L8, L9**). Auch im Osten, nahe der Straße von Livno nach Split, gehört noch ein weiteres 23 km^2 großes Moorgebiet dazu, das Jagma genannt wird (**L10**).

Bild: U. Schwarz

Wiesen- und Weidelandschaften im Livanjsko Polje.

Das südliche Drittel des Polje war einst berühmt als Buško Blato, einem Karstsee mit weiten Sümpfen und Mooren. Seit 1973 dominiert hier der Stausee Buško Jezero (55 km^2) die Landschaft: In ihm werden die über einen Kanal aus dem südlichen Teil des Livanjsko Polje abgeleiteten Überschwemmungen für die Energiegewinnung gespeichert. Doch noch immer, wie etwa auch im Januar 2010, wird das Livanjsko Polje saisonal fast vollkommen überflutet. An diesen Lebensraum haben sich mehrere endemische Arten angepasst. Alleine bei den Fischen sind es fünf für den Dinarischen Karst endemische Arten. Von zwei Arten, dem Elritzen-Näsling (Chondrostoma phoxinus) und dem Makal-Strömer (Squalius microlepis), lebt fast die gesamte Weltpopulation im Livanjsko Polje. Für eine weitere Art, die endemische Elritze (Phoxinellus alepidotus), ist es ihr wichtigster Lebensraum. Bei niedrigem Wasser verschwinden die Fische in den Schlucklöchern, um mit dem nächsten Hochwasser wieder aufzutauchen.

Nahtstelle zwischen Mittelmeer und Gebirge

Klimatologisch gesehen kann man das Livanjsko Polje weder dem Mittelmeerraum noch der Alpinen Region zuordnen; beide Einflüsse stoßen hier frontal aufeinander. Maritimes und kontinentales Klima sind jahreszeitlich ausgeprägt: während der kalten Jahreshälfte überwiegt kontinentaler, im Sommer dagegen der trockene, mediterrane Einfluss. Die Berge sorgen für ergiebige Niederschläge. Mitte März kann der Schnee bei Temperaturen um - 20° C meterhoch liegen oder die Vogelbeobachtung im schönsten Frühlingswetter bei + 20° C Spaß machen. Oft verabschiedet sich der Winter mit einem mächtigen dinarischen Sturm, der Hunderte Kraniche und anderer Zugvogel, die in Afrika überwintert haben, aufhält. Die Wucht dieser Stürme gehört zu den größten Hürden für die Zugvögel, die den Adriatic Flyway benutzen, um zwischen den Kontinenten zu wandern.

Schnee auf dem Livanjsko Polje.

Bild: M. Schneider-Jacoby

Als größtes zusammenhängendes Feuchtwiesengebiet im Dinarischen Gebirge steckt das Livanjsko Polje in der Brutsaison auf Schritt und Tritt voller Überraschungen. In den Randbereichen singen vereinzelte Gold- (Emberiza citrenella), Kappen-, Zipp-, mehr als hundert Zaun-, und um 1.500 Grauammern nebeneinander. Und wo die Wiesen in die Sümpfe übergehen, fehlt auch die Rohrammer (Emberiza schoeniclus) nicht (etwa 50 Paare). Die Großen Rohrdommeln konzentrieren sich mit regelmäßig bis zu neun Rufern in beiden Ždralovac-Sümpfen und -Schilfgebieten im Norden des Poljes. Auch der Kranich, von den Einheimischen nach dem Namen des Moors „Ždral" genannt, brütet hier möglicherweise noch immer. Die Streuobstwiesen um die Dörfer bewohnen Schwarzstirnwürger (bis 54 Paare) und Wiedehopf (bis 43 Paare) und gleich unterhalb in den Wiesen hört man nachts mehr als 300 rufende Wachtelkönige, die vorwiegend im nördlichen Teil des Poljes vorkommen. Auch Braunkehlchen und viele Hunderte rufende Wachteln sind im Polje zu Hause. Abhängig vom Wasserstand kann man mit zwischen 30 - 80 Rotschenkelrevieren rechnen, außerdem mit Kiebitzen und Bekassinen (Gallinago gallinago) (20-40 Reviere). Weitere wichtige Brutgebiete für Bekassinen befinden sich in den oberhalb liegenden Karstfeldern Glamočko und Duvanjsko Polje.

Beeindruckend sind die zahlreichen Greifvögel im Livanjsko Polje, unter denen die Wiesenweihe (30 Paare) die auffallendste Art ist. Selbst der Schreiadler (Aquila pomarina) jagt hier - weit südwestlich seines eigentlichen Verbreitungsgebietes - über den Wiesen. Der seltene Adlerbussard (Buteo rufinus) zieht die offenen, steppenartigen Bereiche vor. Beobachtungen von Seeadlern (Haliaeetus albicilla) mehren sich in letzter Zeit. Durchschnittlich 400 Greifvögel verbringen im Livanjsko Polje den Winter. Die häufigste Art ist der Mäusebussard, aber auch bis zu 120 Kornweihen (Circus cyaneus) gleiten über die weiten Wiesenflächen. Ebenso ist der Raubwürger zahlreich in der kalten Jahreszeit.

Bild: M. Schneider-Jacoby

Das Livanjsko Polje ist der südlichste Brutplatz der Bekassine in Europa.

Bild: P. Sackl

Kornweihe.

Größte Wasservogelansammlung in Bosnien und Herzegowina

Abhängig von Überschwemmungen rasten auf den Wiesen auch Austernfischer, Mornellregenpfeifer (Eudromias morinellus) und Heringsmöwen (Larus fuscus). Sogar einzelne Krauskopfpelikane tauchen seit 2009 wieder auf. Während des Zuges suchen Tausende Watvögel, meist Kampfläufer und Bruchwasserläufer, nach Nahrung. Auf dem Buško Jezero sammeln sich bis zu 70.000 Wasservögel. Die Zahlen steigen ab August und erreichen im Oktober und November das Maximum. Bei Eis harren immerhin noch 5.000 Wasservögel aus. Das Frühjahr bringt andere Arten, z.B bis über hundert Schwarzhalstaucher (Podiceps nigricollis). International bedeutend sind die Zahlen von Tafelente (Aythya ferina), Löffler, Blässhuhn und Gänsesäger.

Bild: M. Schneider-Jacoby

Blick auf den Busko Blato von der neuen Kirche (L13).

Um die Vögel am Buško Jezero zu beobachten, fährt man mit dem Auto am Besten im Uhrzeigersinn um den See (L12 – L15), denn so ist das Parken am rechten Straßenrand einfacher. Dies gilt vor allem für die Gefällstrecke am Südwestufer in Richtung Livno, wo sich unter anderem an der neuen Kirche ein guter Beobachtungsplatz befindet (L13). Besonders viele Vögel sammeln sich auch an dem Quellfluss unterhalb der Straße nach Tomislavgrad und den vielen Inseln, die bei Niedrigwasser an der Brücke über diesem Zulauf sichtbar werden (L15).

Blick (L16) über den Quellfluss Vrilo und den Buško Blato (bei Hochwasser vgl. S. 123, L16).

Bild: M. Schneider-Jacoby

Das 160 m höher gelegene Schluckloch, aus dem das Wasser im Buško Blato wieder zutage tritt, liegt etwa 5 km (Luftlinie) entfernt im Duvanjsko Polje und ist von der Straße von Tomislavgrad in Richtung Mostar zu erreichen. 3,5 km nach der Kreuzung in Tomislav Grad trifft die gerade Straße durch das Duvanjsko Polje wieder auf den Hang. Hier läuft das Wasser aus dem 150 km² großen Polje unterhalb der Straße in eine kurze Schlucht; nach einem Kilometer verschwindet dann der Fluss Šuica in einer großen Felshöhle, dem Ponor, der ins Livanjsko Polje führt (L17).

Bild: M. Schneider-Jacoby

Im Duvanjsko Polje verschwindet die Šuica in einem malerischen Schluckloch (L17) und tritt in der Vrilo-Quelle wieder zutage.

Ringstraße als Zuschauertribüne für Vogelgucker

Auffallend ist die Ruhe im Livanjsko Polje, die einem das Gefühl gibt, die Landschaft ganz für sich alleine zu haben. Dies erklärt auch, dass hier Füchse (Vulpes vulpes), Wölfe, Wildkatzen (Felis silvestris) und sogar Bären am hellen Tag nach Nahrung suchen. Die am Rand des Poljes vorbeiführenden Straßen liegen höher und bieten so einen weiten Blick über die riesigen Flächen. Auf dem Cincar-Plateau bei Livno leben einige Hundert verwilderte Balkan-Bergpferde. Auch über 5.000 Schafe und 2.000 Kühe weiden, begleitet von Hirten und ihren Hunden, auf dem Polje. Den schmackhaften Käse (Livanjski sir) aus dieser Gegend, eine Mischung aus Schaf- und Kuhmilch, sollte man unbedingt probieren.

Die einzige Straße, die um das Polje führt, bietet auch die besten Plätze für Vogelbeobachtungen. Als Ausgangspunkt ist Livno zu empfehlen. Hier gibt es zwei Hotels (Parkhotel und Hotel Dinara) nahe dem Fluss Bistrica, an dem sich Wasseramseln und Bergstelzen und an der Quelle Felsenschwalben, Dohlen (Corvus monedula) und Zwergohreulen sehen lassen. Außerhalb der Stadt kann man auch in der Tankstelle Vujeva Richtung Grahovo preiswert und sauber übernachten, ebenso im Dorf Lištani.

Im mittleren und nördlichen Teil des Livanjsko Polje fanden in den 90er Jahren Kampfhandlungen statt und weite Teile sind noch immer durch Minenfelder unsicher. Das Gleiche gilt für die Umgebung (siehe Sicherheit). Bitte bewegen Sie sich deshalb ausschließlich auf befahrbaren Straßen!

Bild: D. Kitonic

Die klaren Karstbäche sind Lebensraum der Bergstelze.

Montenegro

Solila Tivat bei Kotor

Der Nördliche Teil der Küste Montenegros wird von der Bucht von Kotor und der ihr vorgelagerten Bucht von Tivat geprägt. Der Südostteil der Bucht von Tivat birgt eine der wenigen Flachwasserzonen entlang der Felsküste und ist bereits seit 1574 als Saline in alten Karten verzeichnet. 150 ha umfasst das geschützte Gebiet Solila Tivat heute, dem eine Muschelzucht in mehreren Reihen vorgelagert ist. Die vom zentralen Weg her gut einsehbare Salinenfläche zeichnet sich durch die sehr abwechslungsreiche Salzpflanzenvegetation aus. Beim Begehen der alten, baufälligen Brücken ist Vorsicht geboten! Im Rahmen eines in Planung befindlichen Projekts sollen die Wege verbessert und spezielle Beobachtungsverstecke angelegt werden.

Bild: D. Sveljic

Mittelmeermöwen rasten in der Solila Tivat.

Bild: M. Schneider-Jacoby

Die Mittelmeer-Schlammgarnele lebt im Flachwasser.

Viel Nahrung bieten die Schlickflächen, in denen zum Beispiel die Mittelmeer-Schlammgarnele (Upogebia pusilla) sehr häufig ist. Die 4 bis 6 cm großen Tiere werden gerne von Reihern und Möwen gefressen. Leider stellen auch Angler diesen Krebsen im Schutzgebiet nach, um sie als Köder zu benutzen. Schön ist der Blick über die mit Queller bestandenen Schlickfächen auf das Lovćen-Massiv im Osten und das Orjen-Gebirge im Norden - am interessantesten in der Zugzeit, wenn Rotschenkel und andere Wasserläufer hin und her fliegen. Neben den Mittelmeermöwen nützen Pfeifenten, Blässhühner und zahlreiche Seidenreiher das flache Wasser der Bucht zur Nahrungssuche, und Kraniche, Fischadler (Pandion haliaetus) und Lachseeschwalben rasten hier gerne.

Auf zwei Zugängen kann man in dieses schöne Feuchtgebiet gelangen, das in Zukunft am „lungo mare", der Seepromende von Tivat auf die Halbinsel Lustica liegen wird. Der eine beginnt gleich neben dem Haupteingang zum Flughafen Tivat: hier nimmt man die Straße, die um das abgesperrte Flughafengelände herum zum Meer in Richtung Kalardovo verläuft. Schon zwischen Rollfeld und Strand bieten sich interessante Stellen für die Vogelbeobachtung. Auf dem Hügel angelangt, trifft man in einer Rechtskurve auf einen Feldweg, der links direkt in die alte Saline führt. Nach 400 m öffnet sich bereits das erste alte, heute extensiv beweidete Salinenbecken, und nach etwa einem weiteren Kilometer sieht man auch auf das Meer. Den zweiten Zugang zum Feuchtgebiet findet man, von der großen Kreuzung der Straßen nach Kotor und Budva kommend, am Ende des Flughafens an der Zufahrt zur Halbinsel Luštica. Von hier gelangt man auf der nach Südwesten führenden Straße in Richtung Meer, und wo sich die Bucht öffnet, befindet sich der Anfang des alten, durch die Saline verlaufenden Steindamms, der weiter in Richtung Norden bis zur Brücke am Kanal reicht.

Bild: M. Schneider-Jacoby

Blick über die alten Becken der Saline.

Buljarica-Bucht

Nur wenige Feuchtgebiete prägen den Charakter eines ganzen Landes, wie dies bei der Buljarica-Bucht für die montenegrinische Küste der Fall ist. Gerne halten Autofahrer an der steilen, alten Straße von Petrovac nach Virpazar am Skutari-See an, um den spektakulären Blick zu genießen und Erinnerungsfotos zu machen. Der Werbeslogan „wild beauty" des Tourismuslandes Montenegro findet hier noch seine Entsprechung, während große Teile der Küste bereits in einem raumplanerischen Chaos und einer unglaublichen Bauwut untergehen.

Bild: M. Schneider-Jacoby

Blick von der Passstrasse nach Virpazar auf die Buljarica-Bucht.

Hier, im zentralen Teil der Küste, befindet sich einer der wenigen Abschnitte, die noch für ganzjährigen Natururlaub gerettet werden könnten. Die zwei kleinen Inseln vor dem Städtchen Petrovac geben mit ihren alten Kiefern und dem markanten Leuchtturm den passenden Rahmen für eine Bucht, die zum Baden, Wandern und zur Naturbeobachtung einlädt. Weite Seegraswiesen überziehen die Felsen unter Wasser, und am Kiesstrand finden sich noch Vorkommen einiger in Montenegro bereits seltener Pflanzen. Vom Ufer aus schweift der Blick über die verschiedenen Lebensräume, die vom Meer - nur durch die Küstenstraße unterbrochen - bis hinauf zu den Gipfeln des 1.594 m hohen Rumija-Gebirges reichen. Schon heute ist die Bucht eine Important Bird Area (wichtiges Vogelschutzgebiet) nach der EU-Vogelschutzrichtlinie. Ein Nationalpark vom Meer bis an den Skutari-See würde den kleinen Orten Petrovac und Buljarica eine ganzjährige Einnahme durch Natururlauber sichern.

Eichenwälder und Schilfgebiet

Der große ökologische Wert der Buljarica-Bucht beruht auf ihrem Mosaik aus natürlichen Lebensräumen und einer reich strukturierten Heckenlandschaft. Die Küstenlinie formt ein Wall aus Kieselsteinen verschiedenster Größe. Am Strand wachsen seltene Meerespflanzen wie der Gelbe Hornmohn (Glaucium flavum). Die malerische Insel Sveta Neđelja, die vor Petrovac im Meer liegt, beherbergt eine große Alpenseglerkolonie; bis zu 300 Vögel können sich abends über der Bucht versammeln. Eine andere Art, die man häufig über der Bucht und im Ort Buljarica sieht, ist die Rötelschwalbe; sie profitiert von den leer stehenden Fabrikgebäuden. Eine große Besonderheit, die gut zur artenreichen Landschaft in der Bucht passt, sind die Vorkommen des Kurzfangsperbers und der Blauracke.

Bild: M. Schneider-Jacoby

Der Gelbe Hornmohn blüht an der Adria nur an wenigen steinigen Stränden.

Eichenwälder, die sich ohne Unterbrechung vom Schilfgebiet den ganzen Hang hinaufziehen, bieten einer Reihe seltener Arten wie etwa Mittelspecht, Blutspecht, Trauermeise und Kappenammer Lebensraum. In den Felsen kommen Blaumerle und Felsenkleiber hinzu. Immer wieder tauchen Wespenbussarde und Schlangenadler auf, um nach Nahrung zu suchen. Sogar Eleonoren- und Lannerfalken ließen sich hier in den vergangenen Jahren regelmäßig sehen.

Blick über die strukturreiche Kulturlandschaft der Buljarica-Bucht auf die Inseln vor Petrovac.

Bild: M. Schneider-Jacoby

Rundweg über den Strand

Ein Rundweg, vom Ort Buljarica im Norden der Bucht ausgehend, bietet eine Fülle von Vogelbeobachtungmöglichkeiten. Insbesondere von dem Kieswall aus, der sich am Strand entlang hinzieht, hat man einen weiten Blick über das Meer wie auch in das Schilfgebiet hinein, wo Drosselrohrsänger und Zwergrohrdommeln brüten. Während dem Frühjahrszug kommen oft Moorenten, Knäkenten und einzelne Wasserläufer hinzu. Im Herbst ziehen manchmal Hunderte von Drosseln, Finken und anderen Kleinvögeln pro Stunde auf der Flucht vor schlechtem Wetter an der Küste entlang. Auf dem Rückweg kommt man von der Südseite der Bucht über eine kleine asphaltierte Straße durch die reizvolle Kulturlandschaft in den Ort Buljarica zurück. Wenn man den Rundweg zu Fuß geht, hat man die besten Möglichkeiten, neben den verschiedenen Vogelarten auch Sumpf- oder Landschildkröten und verschiedene Schlangenarten zu sehen oder einfach die eindrucksvollen alten Eichen in den bunten Wiesenflächen zu bewundern.

Blick vom Uferweg in die Buljarica-Sümpfe und auf das Rumija-Gebirge.

Bild: M. Schneider-Jacoby

Ein weiterer Wanderweg zieht sich aus dem Ortszentrum Buljarica am Einkaufzentrum vorbei steil in die Höhe. Oberhalb der letzten Häuser wird der Pfad von den wenigen Einwohnern, die noch Weidetiere oben im Gebirge haben, begehbar gehalten. Je nach Kondition muss jeder selbst für sich entscheiden, wie weit er aufsteigen will. Das Panorama und die schroffe Wildheit der Steilhänge bis ans Meer werden mit jedem Höhenmeter interessanter. Leider sind bisher keine Angebote zum Bergwandern geschaffen worden. Wer den Blick über die Bucht nicht mit dem langen, anstrengenden Aufstieg verbinden will, besucht am Besten die schöne Klosteranlage Gradište aus dem 12. Jahrhundert direkt über dem Ort Buljarica. Auch von hier aus hat man schon eine herrliche Aussicht.

Gute Übernachtungsmöglichkeiten gibt es in den Olivenhainen oder am Hang über dem Ort Buljarica mit Blick über die Bucht. Besonders empfehlenswert ist ansonsten das Hotel Riviera in Petrovac. Das Autocamp in der Bucht ist leider nicht besonders gut gepflegt. Die zum Camp gehörenden, im Winterhalbjahr überschwemmten Wiesenflächen sind aber zum Glück nicht bebaut worden. Zahlreiche Reptilien wie Äskulap-, Vierstreifen- und Balkanzornnatter (Hierophis gemonensis) wie auch Sumpfschildkröten haben hier ihren Lebensraum. Außerdem brüten gleich hinter den Zeltplätzen der Schwarzstirnwürger, mehrere Paare Rotrückenwürger und zahlreiche Blassspötterpaare. Die Rötelschwalben bauen ihre Nester in den Duschhäuschen.

Sumpfschildkröte.

Bild: K. Sauer

Bojana-Buna-Delta mit Solana Ulcinj

Das alte Festungsstädtchen Ulcinj (Ulqin) ist ein historisches Piratennest auf einem großen Felsen über dem Meer. Der Name des Städtchens geht auf den Wolf (albanisch „ulk") zurück. Die Nachfahren dieser „Meerwölfe" glauben auch heute noch, dass Miguel de Cervantes, der Autor des Don Quijote, auf dem Sklavenmarkt ihrer Stadt mehrere Jahre festgehalten wurde, und die von Quijote verehrte Dulcinea soll eine Erinnerung an ein Mädchen aus Ulcinj sein, das ihn während seiner Gefangenschaft versorgte. Von oben auf dem Felsen lassen sich gut die Meeres- und Zugvögel beobachten (**B1**). Das Burghotel Dvori Balšića hat das ganze Jahr geöffnet. Ulcinj und die vielen privaten Apartments rund um die Stadt und entlang der Nehrung Velika Plaža in Štoj bieten sich für einen Natururlaub außerhalb der Tourismussaison an.

Bild: M. Schneider-Jacoby

Abendstimmung in Ulcinj .

Solana Ulcinj: Salzgewinnung sichert Brut- und Rastplätze

Bereits seit Ende der 90er Jahre hat Darko Saveljić vom „Center for Protection and Research of Birds" (CZIP), die Saline Ulcinj zu seinem Arbeitsgebiet gemacht. Erste künstliche Brutinseln - inzwischen von Zwerg- und Flussseeschwalben gut angenommen - wurden 2006 mit Hilfe von EuroNatur aufgebaut. Und anlässlich eines Workcamps im Herbst 2006 halfen Naturschützer aus Slowenien und Österreich beim Ausbau von Beobachtungsverstecken und der Schaffung von Nistgelegenheiten für Blauracke, Steinkauz, Wiedehopf und Weidensperling (B3). Inzwischen konnten auch Fledermäuse in einen Beobachtungsturm auf dem Salinengelände einziehen. In den Verwaltungsgebäuden der Saline entstand ein kleines Informationszentrum mit Ausstellung.

Bild: M. Schneider-Jacoby

Salinenkrebse färben das hochkonzentrierte Salzwasser rot.

Zur Saline gelangt man von Ulcinj aus in Richtung Vladimir oder Shkodra. Von der Hauptstraße entlang der Küste zur Velika Plaža zweigt die Straße nach Norden ab, die dann schon 400 m nach der Kreuzung zum Solana pot, dem Salinenweg, führt. Für den Besuch der Saline muss man sich an der „kaplja", dem Eingangstor an der Zufahrt, anmelden (B2).

Wie wichtig das Bojana-Buna-Delta als internationale Drehscheibe des Vogelzuges ist, zeigen schon die ersten Ablesungen farbberingter Vögel in der Solana Ulcinj: Bisher wurden Löffler aus den Save-Auen in

Kroatien und aus der Vojvodina in Serbien und Ungarn festgestellt, die in Tunesien überwintern, Krauskopfpelikane aus Griechenland und Albanien und im September 2006 eine Flamingo-Familie (Phoenicopterus ruber) aus dem spanischen Ebro-Delta. Für nicht weniger als 16 Wasservogelarten ist das Bojana-Buna-Delta ein Rastplatz von internationaler Bedeutung, und die Saline Ulcinj ist der wichtigste Limikolenrastplatz an der Adria-Ostküste überhaupt. Auch die Ergebnisse bei den Greifvögeln sind verblüffend. In nur drei Jahren konnten 25 Greifvogelarten und sechs Eulenarten bestimmt werden. Im Herbst kreisen bis zu sechs Fischadler über der Saline Ulcinj und Wespenbussarde, Rötelfalken, Schwarzmilane und Rohrweihen ziehen entlang der Küste. Im Winter kommt der seltene Schelladler (Aquila clanga) hinzu, während sich Lanner- und Wanderfalken das ganze Jahr über sehen lassen.

Bild: Sackl

Bild: S. Tiefenbach

Blauracken (Bild oben) und Brachschwalben (Bild unten) brüten an der Adria-Ostküste nur noch im Bojana-Buna-Delta.

Lebensräume an der Grenze

Fast symmetrisch teilt der Grenzfluss Bojana (montenegrinisch) bzw. Buna (albanisch) den 30 Kilometer langen Sandstrand in zwei Teile und formt ein wunderschönes Delta: ein Dreieck mit der Spitze im Norden am Skutari-See und der Basis im Süden am Adriastrand. Hier verschieben die Wellen den Sand entlang der Küste und werfen immer wieder neue Dünenwälle auf. Zwischen ihnen liegen Täler, in denen das Wasser steht. In den vergangenen 100 Jahren wuchs das Delta jährlich um 15 Meter, solange der Drin reichlich Sedimente anschwemmte und diese nicht durch Staudämme zurückgehalten wurden. Die so entstandenen Lebensräume bilden eine Naturlandschaft, wie sie heute selten in Europa zu finden ist. Seeregenpfeifer und Triele brüten in den Dünen, nachts hört man Zwergohreulen und Ziegenmelker (Caprimulgus europaeus). Und mit etwas Glück streicht ein Steinadler, Habichtsadler oder Schlangenadler auf der Jagd nach den zahlreichen Schildkröten, Eidechsen und Schlangen vorbei. In den feuchten Dünentälern rufen die Zwergsumpfhühner (Porzana pusilla), und zahlreiche Wasservögel wie Seidenreiher, Nachtreiher oder Zwergscharben suchen nach Nahrung. Schwarzstirnwürger und Blauracke jagen von den Ästen der alten Eichen aus.

Die Velika Plaža (übersetzt der „Große Strand") erstreckt sich von der Brücke über den Porta Milena (B4) auf einer Länge von neun Kilometern auf montenegrinischem Gebiet bis an die Bojana zur Insel Ada (B6, B7). Zu den verschiedenen Stränden führen mehrere Zufahrten durch die Hutweiden und Dünentäler mit ihren Röhrichten (B5). Die letzte Zufahrt in Richtung „ušće" (Mündung) verläuft durch Wiesen mit dicken Eschen und Eichen in ein ausgedehntes Dünengebiet, das entsprechend dem Raumplan für die Küste geschützt ist. Im Frühjahr steht das Wasser oft noch hoch auf den Wegen. Alle diese Wege durch die Dünen und am Strand entlang sind hervorragend zur Naturbeobachtung geeignet. Auch für viele seltene Arten aus unserer Kulturlandschaft ist das Bojana-Buna-Delta ein wichtiger Rastplatz. Bis zu sechs Pirole (Oriolus oriolus) können in einem Feigenbaum sitzen, und Braunkehlchen jagen von den alten Gräsern in den Dünen auf. Im Winter wird der Bestand der Heidelerche auf 15.000 Vögel geschätzt, die hier auf dem schmalen Streifen zwischen Meer und schneebedeckten Dinariden überwintern (B8).

Auch an der Adria erreicht der Schnee an wenigen Tagen die überwinternden Heidelerchen.

Bild: D. Kitonic

Von der Hauptverkehrsstraße an der Velika Plaža führt - 800 Meter nach der neuen großen katholischen Kirche - eine Straße nach Norden. Diese Dammstraße wurde um die große Lagune herum gebaut, welche die Nehrung Velika Plaža von der Adria abschneidet. Auf beiden Seiten breiten sich ausgedehnte Brackwassersümpfe mit Feuchtwiesen, Tamarisken und Urwäldern aus. Nach zwei Kilometern zweigt ein Sträßchen in Richtung Bojana zum Dorf Rec ab. Auf der Wiese an der Kreuzung jagen gerne die Blauracken (**B9**). Nach 200 m, in einer Kurve, führt ein Feldweg geradeaus bis an den Fluss. Vom Ufer aus sieht man die direkt an der Grenze zu Albanien in der Bojana-Buna gelegene Insel Paratuk, Heimat der letzten gemischten Kolonie von Reihern, Ibissen und Kormoranen im Delta. Folgt man der Asphaltstraße weiter nach Rec und durch den Ort, wo sie sich im Bogen zur Kapelle auf den Berg über der Bojana hinaufzieht, gelangt man zu einem alten Militärposten. Von dort sieht man weit über die Flusslandschaft und nach Albanien hinein. Hier oben ist auch einer der Punkte, von denen aus sich die ziehenden Greifvögel gut beobachten lassen (**B10**).

Über 40 Jahre war die Grenze an der Bojana-Buna noch undurchlässiger als der Eiserne Vorhang in Deutschland. Familien wurden getrennt und blieben es. Verwandtenbesuche zwischen dem ehemaligen Jugoslawien und Albanien waren so gut wie unmöglich. Erst seit 2003 ist der Grenzübergang zwischen Ulcinj (Montenegro) und Shkodra (Albanien) endlich wieder mit einer guten Straße verbunden und der Austausch zwischen den früher eng verschwisterten Städten beiderseits der Bojana-Buna kann wieder stattfinden. Gut für den

Naturschutz ist aber, dass die Schifffahrt auf dem Grenzfluss weiterhin untersagt ist. Auch die Wilderer treiben hier nicht ihr Unwesen wie sonst an der Adriaküste, da sie die Grenzpolizei fürchten. So kann man hier auch heute noch die schützende Wirkung des „Eisernen Vorhangs" auf die Natur erahnen. Auf der einsamen Insel Paratuk im Fluss brüten zahlreiche Reiherpaare und Zwergscharben sowie einzelne Löffler, Kormorane und selten auch Sichler. Sogar Krauskopfpelikane lassen sich an heißen Sommertagen auf dem Fluss nieder. Große Tümmler wandern bis zu 30 Kilometer weit im Fluss aufwärts – das ist absolut einzigartig in Europa!

Bild: M. Schneider-Jacoby

Blick über den Šasko Jezero von den Felsen bei Svać (B13).

Etwas weiter flussaufwärts hinter dem Hügel liegt ein weiteres, sehr schönes Feuchtgebiet: der Šasko Jezero (B14). Bisher führt noch kein Fahrradweg entlang der Bojana-Buna zu diesem See. Stattdessen muss man von Ulcinj nach Vladimir (Katerkolle) fahren und dann am Ortsantang rechts in Richtung Sashi abbiegen. Einen sehr schönen Blick auf den See hat man von den Ruinen der mittelalterlichen Stadt Svać aus (B13). Man erreicht sie zu Fuß über einen Dorffussballplatz in Sashi, 2,5 km auf der schmalen Straße von Vladimir herkommend. Auf dem Hügel stehen die wenigen noch vorhandenen Mauern. Hinter den höchsten Häusern von Svać fallen die Hänge steil ab und man kann weit über den See bis Albanien hinein sehen. In den Felsen brütet der Uhu und unten erkennt man gut die Wasservögel. 1,5 km weiter zweigt eine Straße zum See ab. Hier thront ein früheres Militärmotel über dem See - eine gute Stelle zur Vogelbeobachtung (B14). In dem unbewohnten Gebäude brüten Rötelschwalben. Unten am Fels befindet sich ein empfehlenswertes Restaurant, das auch über Gästezimmer verfügt. Bei hohem Wasserstand kommen sogar Pelikane bis auf die Spielwiese vor dem Balkon.

Europas subtropische Märchenlandschaft – der Skutari-See

Fast alle großen Seen in Europa sind heute reguliert. Doch der Skutari-See darf noch frei mit den Jahreszeiten atmen. So schwankt seine Fläche noch immer zwischen 370 bis über 600 km^2 (letzter Stand vom Januar 2010). Die maximale Ausdehnung des Skutari-Sees ist damit größer als die des Bodensees. Allein schon der Vergleich zwischen maximaler und minimaler Ausdehnung lässt eine unglaubliche Landschaft erahnen, die jedoch in den beiden Anliegerstaaten ganz unterschiedlich geprägt ist. Neben den riesigen Silberweidenwäldern und Schilfröhrichten sind es vor allem die über 30 km^2 großen Schwimmblattbestände aus Wassernuss und Seerosen, die den Besucher in ihren Bann ziehen und das fast unwirklich schöne Landschaftsbild im montenegrinischen Abschnitt des Sees bestimmen.

Bild: B. Stumberger

Weißbartseeschwalben über der Schwimmblattzone.

Der Skutari-See ist flach mit einer Wassertiefe von durchschnittlich nur fünf Metern. Doch die sogenannten Augen (oka oder oko in Einzahl) - bis zu 60 m tiefe Karstquellen im Seeboden mit nur wenigen Metern Durchmesser - bieten Fischen im Sommer wie im Winter Rückzugsmöglichkeiten. Diese tief zum Höhlensystem der umliegenden Berge hinunterreichenden Verbindungen liegen also weit unter dem Meeresspiegel, denn die Höhe des Seewasserspiegels beträgt im Mittel nur sechs Meter über dem Meer. Im Sommer wird der See fast 30° C warm, was zu einem intensiven Stoffumsatz führt und die Bedeutung der kalten Zuflüsse noch steigert. Alle frei werdenden Nährstoffe werden sofort wieder in der Nahrungskette verbraucht, und die riesigen Schwimm- und Wasserpflanzenbestände binden das Phosphat aus dem Wasser.

Ein auffälliger Bewohner dieser einzigartigen schwimmenden Naturlandschaft ist die Weißbartseeschwalbe, die auf dem Wasser ihre Nester baut. Gemeinsam mit Mitarbeitern der Nationalparkverwaltung, dem Naturhistorischen Museum in Podgorica und den Naturschützern der albanischen Organisation APAWA hat EuroNatur über 25 Kolonien dieser Art gezählt, 17 davon in Montenegro. Dass in Albanien viel weniger Kolonien vorkommen, liegt teilweise an der anderen Uferform, aber auch an der Nutzung: Dort wird die natürliche Uferlandschaft des Sees beweidet, und deshalb gibt es auf albanischer Seite weit weniger Schilfröhrichte und Weidenwälder.

Bild: O. Vizi

In dem subtropischen See lebt die Vierstreifennatter; sie ernährt sich von den Eiern der Weißbartseeschwalben.

Karte Skutari-See

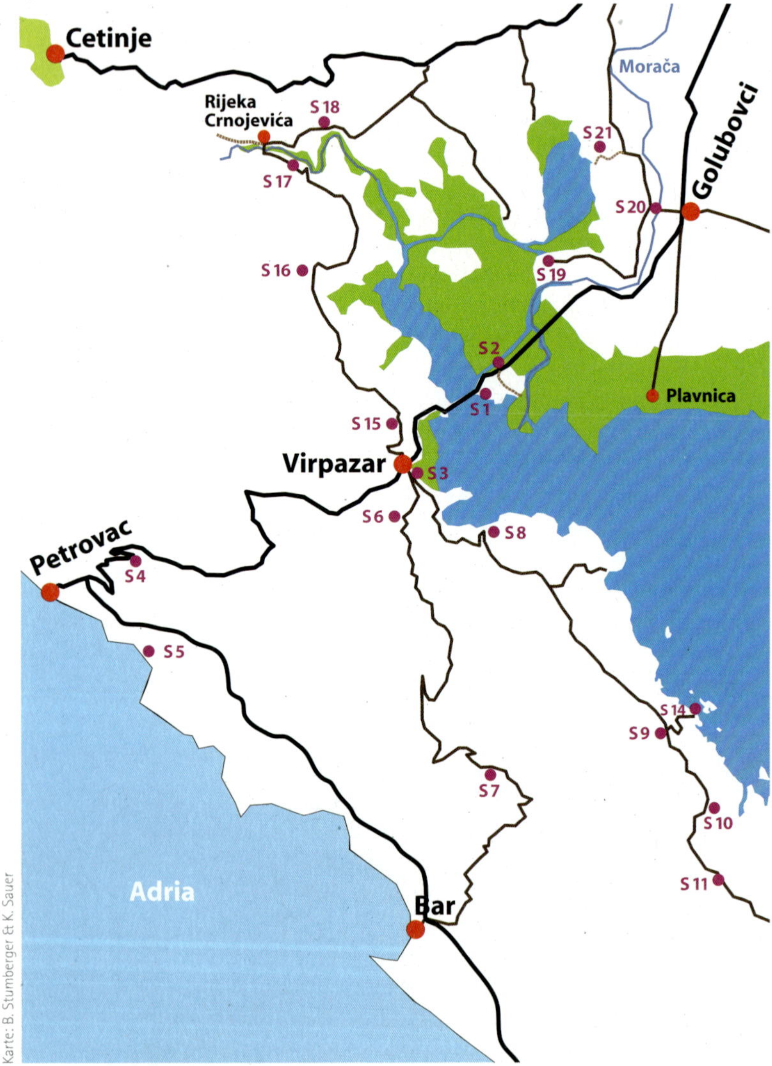

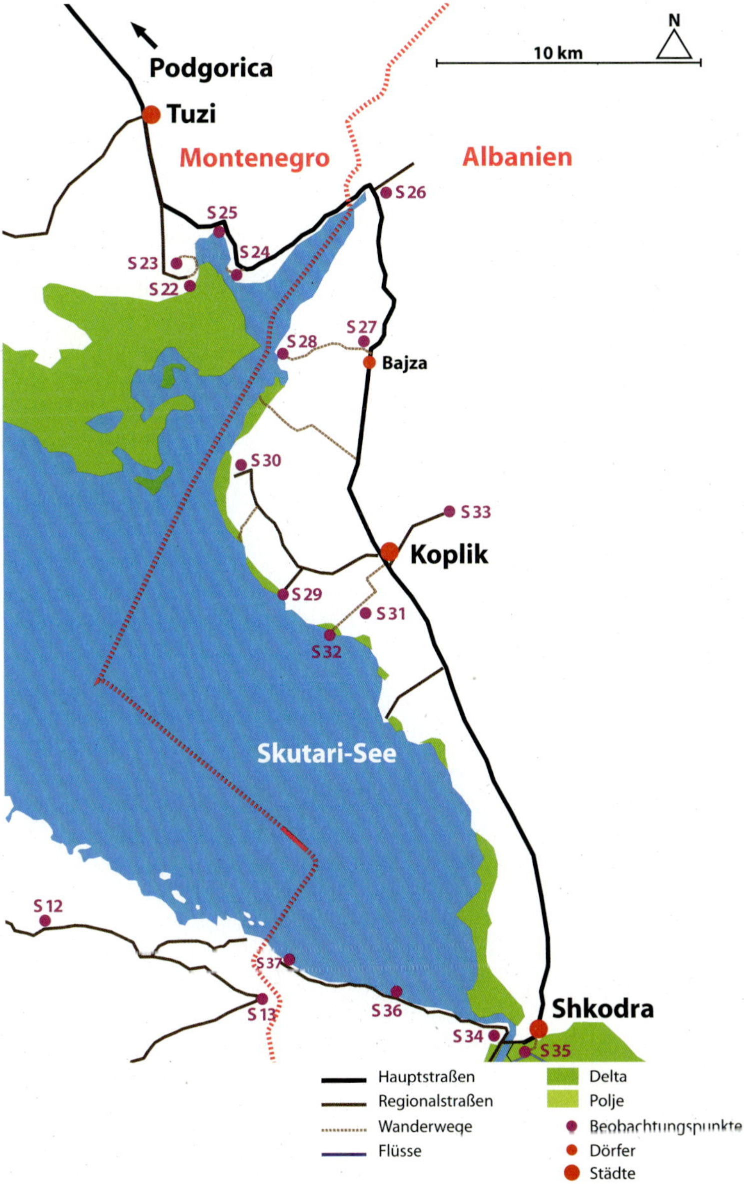

Podgorica
10 km
N
Tuzi
Montenegro
Albanien
S 26
S 25
S 24
S 23
S 22
S 27
S 28
Bajza
S 30
S 33
Koplik
S 29
S 31
S 32
Skutari-See
S 12
S 37
S 13
S 36
Shkodra
S 34
S 35
Hauptstraßen
Regionalstraßen
Wanderwege
Flüsse
Delta
Polje
Beobachtungspunkte
Dörfer
Städte

Bergwandern und Wasservögel zählen

Rund um den Skutari-See findet man eine Fülle interessanter Lebensräume, für deren Schilderung ein eigener Naturführer notwendig wäre. Für einen Besuch lohnt es sich auf jeden Fall, die Wanderkarte, die mit Unterstützung der GTZ erarbeitet wurde, zu kaufen. Darin werden auch die Wege im Rumija-Gebirge zwischen dem See und der Adria beschrieben. Anlaufpunkt für Besucher ist das Nationalparkzentrum auf der Insel Vranjina (S1), das man über den Damm durch den See von Virpazar nach Podgorica erreicht. Dort liegt auch die o.a Wanderkarte auf. Bereits der Berg oberhalb des Zentrums bietet eine traumhafte Sicht über die amphibische Landschaft des Skutari-Sees (S2). Bitte fragen Sie im Nationalparkzentrum Vranjina nach Hinweisen für den Aufstieg, denn der Weg ab dem Fischerdorf ist schlecht markiert. Zum Beobachten von Tieren und Pflanzen empfehlen wir verschiedene Routen um den See.

Bild: M. Schneider-Jacoby

Blick auf das Städtchen Virpazar (S15).

Ein besonderes Erlebnis ist das Wandern oder Rad fahren auf den alten Straßen, die das Städtchen Virpazar (S3) mit der Umgebung vernetzen; allerdings gibt es hier - außer auf der Straße im Norden des Sees - auch große Steigungen zu bewältigen. Neben der alten Hauptstraße nach Petrovac über den Berg mit dem schönen Blick (S4) über die Buljarica-Bucht (S5) und dem neuen Straßentunnel führen noch zwei weitere Straßen vom See an die Küste. Die alte Verbindungsstraße von Virpazar nach Bar verläuft durch eine zauberhafte Gegend (S6), war aber in den vergangenen Jahren leider oft durch Muren und Abbrüche unpassierbar. Sie ermöglicht fantastische Ausblicke auf das Meer (S7), und zwei Uhus rufen in den Felsen oberhalb der Stadt Bar. Sehr malerisch ist aber auch die Straße entlang dem Südufer des Skutari-Sees, auf der man zur albanischen Grenze und ins Bojana-Buna-Delta gelangt (S8-S12). Oben am Grat mit dem Aussichtspunkt „Vidikovac" jagt regelmäßig der Steinadler (S13). Geht man von der Straße 50 m weiter in Richtung Albanien hinauf, sieht man das Wachhäuschen der Grenzkontrolle, in dem heute die Rötelschwalbe brütet.

Bild: M. Schneider-Jaccby

Vom Berggrat zwischen Skutari-See und Bojana-Buna Delta bietet sich ein wunderschöner Rundumblick (S13).

Auf halbem Wege und etwa 20 km von Virpazar entfernt, liegt das Dorf Murići (albanisch Muriqi) mit einem schönen Strand und ersten Tourismusangeboten (S14). Hier befindet sich auch eine Informationsstelle des Nationalparks. Vor dem Ort sieht man Inseln mit malerischen orthodoxen Klosteranlagen im See liegen. Nach Murići schraubt sich die Straße wieder in die Berge (mit Ortolanvorkommen) hoch und durchquert dabei prächtige Esskastanienwälder. Die Dörfer in den Hochlagen sind fast alle verlassen. Auf dem Rumija-Gebirge leben noch Wölfe und Bären. Die Wanderwege auf den Gipfel sind markiert.

Eine weitere schöne alte Straße verläuft von Virpazar in Richtung Cetinje (S15-S16), der historischen Hauptstadt von Montenegro, und trifft in Rijeka Crnojevića auf die alte Straße nach Podgorica (S17). Der Ausläufer des Skutari-Sees in den alten Fischerhafen dürfte der landschaftlich reizvollste Abschnitt sein. Von der Straße in Richtung Podgorica aus hat man den schönsten Blick auf die Insel Vranjina mit ihren zwei wohlgeformten Hügeln (S18). Zwergscharben und Rallenreiher fliegen regelmäßig in diesen Flusslauf bis Rijeka Crnojevića, und im Sommer bedeckt die Wassernuss die Wasserfläche links und rechts der Schiffsroute. In Rijeka Crnojevića gibt es gute Restaurants und auch Übernachtungsmöglichkeiten.

Bild: M. Schneider-Jacoby

Blick nach Vranjina, der Insel mit den zwei Hügeln und dem Nationalparkzentrum aus Richtung Rijeka Crnojevića (S18).

Geheimtipps für Naturfreunde sind der Gornje Blato (Obere Sumpf) und die inmitten der Überschwemmungsflächen gelegene Burg Žabljak. Zu beiden gelangt man nur über den an der Hauptstraße zwischen dem Flughafen und dem Skutari-See gelegenen Ort Golubovci. Im Ortszentrum von Golubovci zweigt die Straße an der Ampel nach Westen ab. Zum Gornje Blato führt eine leider recht schlechte Straße nach der Brücke (S20) über die Morača flussaufwärts und dann über den Hügel nach Westen (S21). Der Fluss ist ein wichtiger Sammelplatz für Möwen. Unterwegs bieten sich reizvolle Ausblicke zurück auf den Fluss und danach auf den nordwestlichsten Teil des Nationalparks, auf dem regelmäßig zwischen 10.000 und 20.000 Wasservögel überwintern. Zum Fischerdorf Žabljak mit der Burg kommt man auf der Straße flussabwärts, aber während großen Hochwässern ist dieser Ort nur mit dem Boot erreichbar (S19).

Zu den Pelikanen

Im Norden des Skutari-Sees ist die Überschwemmungsfläche am breitesten. Die streng geschützte Zone (Panćeva oka) umfasst hier die weite Röhrichtlandschaft mit den auf Torfinseln schwimmenden Weidenwäldern. In dem naturbelassenen Gebiet haben wenige Paare des Krauskopfpelikans sowie Tausende Kormorane und Zwergscharben überlebt.

Von zwei Stellen aus öffnet sich hier ein traumhafter Blick über die Landschaft, und mit etwas Glück sind auch die Pelikane zu sehen. Von der kleinen Stadt Tuzi im Norden des Skutari-Sees verläuft die Straße weiter in Richtung Shkodra. Nach einer gut zwei Kilometer langen, geraden Strecke biegt sie links ab ins Hügelland, während man geradeaus über ein schmaleres Sträßchen ins kleine Dorf Podhum (Warhelmi) ans Seeufer gelangt (S22). Am Ende der Straße um den Hügel Hum (Helm) befindet sich eine der vielen Grundwasserquellen; der Zulauf wird von den Fischern als Anlegestelle genutzt. Von hier aus wandert man am Besten auf den Hügel, um von oben mit Fernglas oder Fernrohr nach den Pelikanen Ausschau zu halten, ohne sie zu stören (S23). Es ist geplant, hier einen Aussichtspunkt zu errichten.

Krauskopfpelikane.

Bild: A. Volz

Am zweiten Beobachtungsplatz steht bereits ein Holzturm ohne Dach direkt auf der Landspitze an der Grenze (S24). Man sieht ihn von der Hauptstraße aus. Dieser Zugang ans Seeufer im Norden des Nationalparks eignet sich für einen längeren Aufenthalt. An dem holperigen Feldweg steht oben eine Tafel des Nationalparks; 200 Meter weiter kann man dann das Auto an einer breiteren Stelle stehen lassen. Eine weitere Abstellmöglichkeit gibt es aber auch noch weiter oben an der Hauptstraße auf der anderen Seite (alte Straßeneinfahrt). Die Macchie ist zu jeder Jahreszeit interessant; der wilde Granatapfel (Punica granatum) beispielsweise kommt häufig vor. An der Anlegestelle unten am Wasser kann man sehr schön die verschiedenen Wasserpflanzen betrachten, und man sieht direkt auf die große, auf dem Torf schwimmende Reiher- und Kormorankolonie, in der das ganze Jahr über ständig Hochbetrieb herrscht. Im Winter schlafen hier teils über 20.000 Wasservögel. Diese Stelle des Seeufers ist auch gut zum Baden geeignet. Vorher an der Hauptstraße besteht noch die Möglichkeit, an der wunderbaren Karstquelle Vitosa zu rasten und die Tiere und Pflanzen im klaren Wasser zu beobachten, das auch als Trinkwasser genutzt wird (S25).

Blick auf den Skutari-See.
Bild Mitte: Granatapfel.

Bild: B. Stumberger

Bild: M. Schneider-Jacoby

Bild: M. Schneider-Jacoby

Landschaft im Norden des Skutari-Sees zwischen Montenegro und Albanien (S24).

Albanien

Skutari-See am Rande der Steinsteppe

Von Montenegro her fährt man direkt um den nördlichen Ausläufer des Skutari-Sees beim Grenzübergang Božaj (in Albanien Han i Hoti) herum. Auf der albanischen Seite biegt hier unter dem Eisenbahndamm die steile Bergstraße nach Norden ab (S26), die hoch ins Gebirge bis nach Vermosh führt. Oben in den Bergen gibt es inzwischen erste Übernachtungsmöglichkeiten. Folgt man der Straße weiter nach Shkodra, sieht man bald wieder auf den Skutari-See. Das Ramsar-Gebiet umfasst hier die gesamte Fläche des albanischen Teil des Sees und seiner Uferlandschaft bis zur von Montenegro her kommenden Hauptstraße - vom Grenzübergang Han i Hoti über Bajza, Koplik bis Shkodra. Bisher existiert aber leider noch kein Managementplan, und auch die Schutzgebietsverwaltung entwickelt sich nur langsam. Doch die weite Seenlandschaft bietet an verschiedenen Stellen einmalige Naturerlebnisse.

Auffallend ist sofort der veränderte Charakter der Landschaft. Während das Seeufer in Montenegro dicht mit einem breiten Auwald- und Röhrichtgürtel bewachsen ist, dominieren in Albanien offene Weideflächen. Für die Vogelbeobachtung sind nur wenige Wege zum See geeignet. Zum ersten interessanten Beobachtungspunkt gelangt man über eine schmale Asphaltstraße in Richtung Montenegro, die vom Ortseingang von Bajza (albanisch Blässhuhn, S27) zur Südpitze des Karsthügels auf der albanischen Seite des nördlichen Seeausläufers führt. Das Sträßchen endet im Dorf Gashaj und geht dort in einen Feldweg über, der am Hügel entlang führt (S28). Hier befindet sich ein kleines, einfaches Restaurant, in dem gute Fischgerichte zubereitet werden. Man sitzt auf einer Holzterrasse etwa 100 Meter von der Grenze entfernt direkt am „Grünen Band" und dem streng geschützten Gebiet in Montenegro - vis-a-vis mit der Pelikan-Kolonie. Interessante Vögel lassen sich hier das ganze Jahr über sehen: im Winter sind es einige Tausende, im Sommer eher kleine Trupps von Zwergscharben, Kormoranen, Haubentauchern, Tauchenten und Möwen.

Zwei weitere für die Naturbeobachtung empfehlenswerte Zugänge zum Seeufer beginnen im Städtchen Koplik. Von Richtung Westen her zweigt vor dem Stadtzentrum ein kleines, aber neu alphaltiertes Sträßchen nach links von der Hauptstraße zu den Dörfern am Ufer ab. Unterwegs trifft man bereits auf die Ausläufer der weiten Steinsteppen aus den albanischen Alpen. Zu allen Jahreszeiten lohnt es sich, an der Strecke mehrmals auszusteigen und mit dem Fernglas die Fläche nach interessanten Vögeln abzusuchen. Zum Ort Sterbeq zweigt eine Stichstraße in Richtung See ab (**S29**). In einem versteckten Winkel am Ufer befindet sich auch ein Gasthaus mit einem schönen Garten, einem Steg und einem weiten Blick über den See. Mit etwas Glück kann man beobachten, wie Kormorane, Möwen und vielleicht einzelne Pelikane einen Fischschwarm an der Wasseroberfläche zusammentreiben und nach ihrer Beute tauchen. Die kleine Straße zwischen Steppe und Uferlandschaft ist noch bis Flake befahrbar (**S30**). Allein 25 kleine Karstquellen dringen hier aus dem lockeren Untergrund. Die Zuflüsse aus den Bergen verschwinden fast alle im Sommer, und zurück bleiben dann die trockenen Wadis (saisonale Trockentäler) mit Bienenfresserkolonien an den Steilwänden.

Bild: M. Schneider-Jacoby

Steinsteppe mit Bunkern und Blick auf die Albanischen Alpen.

Der zweite Zugang zum See von Koplik aus zweigt im Stadtzentrum direkt an der Gemeindeverwaltung (bashkia) ab. Einen Kilometer weiter macht das Sträßchen in einem kleinen Weiler erst eine Links-, dann eine Rechtskurve und führt anschließend zwei weitere Kilometer geradeaus entlang einer Stromleitung zum See. Etwa 500 Meter vor dem Ufer steht linker Hand ein niedriges Gebäude (S31). Zu Zeiten des „Eisernen Vorhangs" wurden hier die Pässe kontrolliert. Wegen der Fluchtgefahr nach Jugoslawien durften nur wenige Menschen aus der Stadt Koplik ans Seeufer. Heute stehen am Ufer einzelne, illegal erbaute Häuser und ein Fischrestaurant (S32). Der Kiesstrand bringt eine ganz andere Vegetation hervor als die dicken Torfschichten in Montenegro, aber auch hier halten sich regelmäßig Reiher, Zwergscharben und im Winter große Wasservogeltrupps auf. Besonders interessant sind dichte und bis tausendköpfige Schwarzhalstaucher-Trupps, die gemeinschaftlich fischen. Dieser Uferbereich ist auch gut zum Baden geeignet.

Von Koplik aus lohnt sich ein Abstecher nach Norden in die albanischen Alpen (S33). Die wilde Gebirgslandschaft wird (entsprechend auch der Bedeutung ihres montenegrinischen Namens Prokletije) als „Bjeshkët e Namuna", nämlich als die verwunschenen oder verfluchten Berge bezeichnet. Die Straße führt zunächst ins Bergdorf Theth, das in einem der wenigen touristisch erschlossenen Bereiche liegt. Schon die ersten zehn Kilometer auf dieser Strecke sind besonders malerisch. Die weite Geröllebene mit ihren verwilderten, duftenden Lavendelfeldern bietet ideale Möglichkeiten für gelegentliche Fahrtpausen, um Vögel zu beobachten und die reizvolle Landschaft zwischen See und Hochgebirge zu genießen.

Bild: B. Stumberger

Salbei- und Thymianfelder in der Steinsteppe (S33).

Um die wunderschönen Auwälder im Osten des Sees zu sehen, fährt man am Besten durch Shkodra. Am Ende der Stadt unterhalb der Rosafa-Burg (S35) spannt sich die Brücke über die Bojana-Buna (S34). Auf der anderen Seite des Flusses zieht sich die Straße flussabwärts in Richtung Ulcinj hin, und nach rechts, flussaufwärts, folgen die Orte Shiroka (S36) und Zogaj (S37), der letzte Ort an der montenegrinischen Grenze. Hier, am See-Ende, suchen im Winter Tausende Wasservögel in der Strömung nach Nahrung; aber auch im Sommer folgen immer wieder einzelne Vogeltrupps dem Flusslauf. Gute Restaurants und erste Angebote privater Zimmervermieter zeigen, dass sich der Tourismus allmählich entwickelt. Trotzdem ist das Ufer im Großen und Ganzen noch unverbaut, ebenso wie der ganze Hang bis auf den 487 Meter hohen Berg Maja e Taraboshit mit seinen Antennenanlagen, an dessen Hängen einzelne Ortolane singen. Die Straße am Südufer des Sees entlang eignet sich übrigens auch gut zum Rad fahren und zur Naturbeobachtung.

Bojana-Buna-Delta mit Velipoja-Reservat

Auf die Erkundung der albanischen Seite des Bojana-Buna-Deltas stimmt man sich am Besten auf der Burg Rosafa ein (S35, B16). Die Aussicht von der Festungsruine am Stadtrand von Shkodra ermöglicht eine perfekte Einführung in die vielgestaltige Fluss- und Seenlandschaft. Doch schon allein die große Dohlenkolonie (circa 150 Paare) und die blühenden Hänge mit der Gelben Junkerlilie (Asphodeline lutea) sind den Besuch der Burg wert. Von oben lässt sich im Osten die breite Furkationszone des Drin mit seinen weiten Kiesbänken und Weidenwäldern erkennen. Im Westen breitet sich die mit Silberweidenwäldern und verschiedenen Röhrichtzonen bestandene Aue des Skutari-Sees aus. Gut sichtbar ist der Auslauf des Skutari-Sees, der wie ein Trichter immer enger wird und dann in den Fluss mündet, der hier in Albanien Buna genannt wird und in Montenegro Bojana. Schaut man von den Zinnen der Burg nach Süden, sieht man die Mündung des Drin in die Buna (B17). Bis zur Adria reicht der Blick über das ausgedehnte, mit einzelnen Karsthügeln durchzogene Delta, wo sich der Fluss wegen des geringen Gefälles in weiten Mäandern auf seinem Weg zum Meer windet.

Karte Bojana-Buna-Delta

Karte: B. Stumberger & K. Sauer

Drin (Drinisa)
10 km
N
B 28
Lezha
Kure-Vain
B 27
Hauptstraßen
Regionalstraßen
Wanderwege
Flüsse
Delta
Beobachtungspunkte
Dörfer
Städte

Von den ehemals fünf Seitenarmen des Drins ist heute nur noch einer, eben die Bojana-Buna, erhalten. Dadurch kommt es regelmäßig zu großen Überschwemmungen (so etwa im Januar 2010), wenn die großen Wassermassen aus dem Drin unterhalb von Shkodra nicht durch den einen kleinen Durchbruch (**B10**) zwischen den Ortschaften Rec (ME) und Reci (AL) abfließen können und sich in den Mäandern der Bojana-Buna das Hochwasser staut. Die alte breite Drin-Mündung befand sich bis in die Jahre 1858 -1859 im Lagunengebiet Kune-Vain. Doch im Zuge von Veränderungen des Untergrunds durch Hochwässer und Absenkungen suchte sich der Drin ein neues Bett in Richtung Shkodra.

Bild: G. Schwaderer

Blick auf den Drin mit seiner weiten Auenzone von der Burg Rosafa (S35, B16).

Die Straße von Shkodra ins Bojana-Buna-Delta biegt 1.400 m nach der Brücke über den Drin (**B17**) am Ende einer ebenso langen, geraden Strecke nach Velipoja ab. Ein großer Bogen über die Straße begrüßt die Gäste. Das gesamte Delta und der Flusslauf unterhalb Shkodra sind in Albanien seit 2006 als Ramsar-Gebiet geschützt. Das Schutzgebiet erstreckt sich über eine Fläche von 200 Quadratkilometern und umfasst mehrere wichtige Kernzonen. Bereits bei der Fahrt an die Küste lohnt es sich, mehrmals einen Halt einzulegen, um nach Vögeln Ausschau zu halten.

Besonders gute Vogellebensräume bergen die großflächigen Hutweiden (**B18**) von Gjo-Lulit links und rechts der Straße vor dem einstigen Drin-Durchbruch durch den Karsthügel (**B19**). Heute fließt hier nur ein kleiner Kanal neben der Straße, der in das schöne Sumpf- und Röhrichtgebiet Kneta Gjeratit und hinter dem nächsten Hügel weiter in die Viluni-Lagune mündet. Jedes Jahr werden die Weideflächen mehrmals überschwemmt, und so entstehen ideale Rastplätze für Watvögel. Über dem Karsthügel jagen regelmäßig Stein- und Schlangenadler.

Bild: B. Stumberger

Blick über die Hutweiden mit Siska-Schweinen in Kneta Gjeratit (B18).

Über einen Hügel mit einem Restaurant (**B20**), von dem aus man einen wundervollen Panoramablick hat, erreicht man den Ort Velipoja. Nach dem Ort kann man einer anderen Straße nach Reci und bis zur Bojana folgen; sie endet dort am Hochwasserdamm, der sich zum Wandern und zur Naturbeobachtung anbietet (**B21**). Im letzten Haus auf der rechten Seite befindet sich eine kleine Käserei, die den typischen, leckeren weißen Fetakäse herstellt. Flussabwärts liegen die trockenen Fischteiche von Reci und an der Grenze im Fluss die Insel Paratuk. Bei der Wanderung auf dem Damm sind die Vogelflüge über dem Fluss schön zu beobachten und mit etwas Glück in der ersten Märzhälfte auch die ankommenden Kraniche. In den Wasserlöchern am Fuße des Dammes sonnen sich Sumpfschildkröten.

Einsame Strände und Strandseen

Die Straße von Velipoja zum Meeresufer – Vorsicht Bodenschwelle gleich nach der Kurve - führt direkt in die Tourismussiedlung am Strand. Zum Glück ist die Fläche mit den neuen Bauten an dem 13 Kilometer langen Naturstrand auf etwa drei Kilometer begrenzt. 150 m nach der Linkskurve biegt eine schlechte Straße in Richtung Meer ab, wo man dann nach weiteren 100 m zum Rangerhaus und einem kleinen Informationszentrum des Velipoja-Reservates gelangt. Von hier aus kann man geradeaus direkt zum Strand weitergehen (B22). Bevor man durch das Tor in das Schutzgebiet geht (B23), ist es auf jeden Fall empfehlenswert, sich bei den Schutzgebietsbetreuern anzumelden, da das Gebiet nicht öffentlich zugänglich ist. EuroNatur hat vorgeschlagen, ein kleines Eintrittsgeld als Kostendeckungsbeitrag zur Schutzgebietsbetreuung zu erheben, aber bisher (Stand 2010) ist der Zugang noch umsonst. Der Pfad durch das Reservat verläuft auf den natürlichen Dünenrücken durch einen dichten Mischwald. Immer wieder bieten sich Ausblicke auf die verschiedenen Teiche und Röhrichte. Bis an die Mündung der Bojana-Buna sind es etwa vier, zum Beobachtungsturm am großen Dünensee eineinhalb Kilometer. Das Reservat gilt als letztes Brutgebiet der Moorente in Albanien. Neben den Wasservögeln sind auch die Waldvögel von Interesse. Abends rufen um das Rangerhaus bis zu fünf Zwergohreulen, und der Mittelspecht brütet in den Auwäldern.

Bild: G. Schwaderer

Beobachtungsstand am See im Reservat Velipoja (B23).

Die gerade Straße durch die Tourismussiedlung von Velipoja endet am Kanal und der Schleuse (**B24**), die den Polder mit seinen Häusern und landwirtschaftlichen Flächen entwässern, denn bis in die 80er Jahre waren die heute bebauten Grundstücke noch Teil des durchfluteten Deltas. Am Schleusengebäude entlang erreicht man die Zufahrt zur Viluni-Lagune. Der Hochwasserdamm und das auf Pfählen stehende Restaurant „Rosafa" bieten gute Möglichkeiten zur Vogelbeobachtung. Spannend ist ein Ausflug über den wackeligen Steg über den Mündungsbereich der Lagune (**B25**). Die Bewohner des Dorfes Bax-Rrjolli (**B26**) transportieren jeden Tag ihre Waren über diese Brücke und fahren auch mit Zweirädern aller Art darüber. Ein Spaziergang durch Bax-Rrjolli vermittelt für europäische Verhältnisse ungewohnte Eindrücke. Durch die Abgeschiedenheit des Orts sind hier eine Fülle alter Haustierrassen erhalten geblieben. Zwergrinder mit gerade mal einem Meter Rückenhöhe weiden in den Binsen, und am Ortsende hält ein Hof noch die urigen Siska-Schweine mit ihren typischen Zotteln am Hals. Auf den Pfaden am Meer entlang kann man noch weiter in die ursprüngliche Landschaft aus Sand und Felsen hinauswandern, die auf einer Strecke von zehn Kilometern durch die natürliche Dynamik von Wind und Wellen geformt wird.

Bild: B. Stumberger

Dünenlandschaft am Meer beim Dorf Bax-Rrjolli (B26).

Drin-Delta - Kune-Vain-Schutzgebiet

Das Lagunengebiet Kune-Vain ist ein komplexes Küstenökosystem. Es entstand durch die Sedimente des Drin (albanisch: Drini) bzw. seines ehemaligen Hauptarmes, der früher bei Lezha ins Meer mündete. Besonders interessant ist die große Vielfalt an typischen mediterranen Küsten- und Feuchtgebietshabitaten, und hier vor allem die Auwälder an der Mündung des Drin sowie die mediterranen Kiefernwälder, die Dünen mit ihren Sand- und Salzpflanzen, die Salzwiesen und die weiten Flachwasserzonen hinter der Deltafront mit wechselndem Wasserstand und Salzgehalt. Einst war das Gebiet berühmt für seine herausragenden Wildtierbestände, und es galt als Albaniens wichtigstes Überwinterungsgebiet für Wasservögel. Aber nach 1990 begann schnell die Zerstörung, und heute ist nur noch ein Teil des früheren Naturreichtums zu sehen.

Kune-Vain besteht aus zwei Lagunen-Komplexen nördlich und südlich der Drin-Mündung. Im Süden sind es die Zajet- und Ceka-Lagunen, die durch den Wechsel zwischen großen Röhrichten und offenem Wasser beeindrucken. Rohrweihen sind charakteristisch für diese Landschaft. Weitere Arten im Röhricht sind Drosselrohrsänger und Zwergrohrdommel. Auch Eisvögel lassen sich häufig am Ufer sehen. Die Wasservögel verhalten sich leider scheu, und im Winter finden sich meist nur noch rund 1.500 Vögel, vor allem Blässhühner, ein. Zwergscharben kommen im Sommer regelmäßig zur Nahrungssuche. Interessant ist der Greifvogelzug im Herbst, wenn die großen Vögel die Seebucht zwischen Bojana und Drin überqueren und die Deltafront des Drin ansteuern; dann kann man bis zu 50 Mäusebussarde pro Stunde zählen.

Bild: S. Beqiraj

Alter Mündungsarm des Drin mit Aalreusen (B27).

Der nördliche Teil des Deltas mit der Merhxani-Lagune weist eine schöne große Wasserfläche auf, aber wegen der häufigen Störungen halten sich hier nur wenige Wasservögel auf. Trotzdem lohnt es sich, vor allem in der Zugzeit Ausschau zu halten, da dann immer wieder Vögel zu landen versuchen. Die Schlickflächen in der Lagune sind insbesondere im Frühjahr und Herbst ein guter Rastplatz für Watvögel.

Urwälder auf der Kune-Insel

Der ruhigste Teil des Deltas ist die nördlich der Drin-Mündung und im Westen der Merhxani-Lagune gelegene Kune-Insel. Die aus Sedimenten bestehende, bewaldete Insel wird von überwiegend in den 70er Jahren gepflanzten Aleppo-Kiefern dominiert. Der ursprüngliche Auwald bestand jedoch aus Esche, Erle, Eiche (Quercus robur) und Weißpappel (Populus alba). Leider sind viele dieser Bäume teils gefällt, teils vom eindringenden Meer zum Absterben gebracht worden. Das Delta leidet, wie viele andere Meeresufer, am Ausbleiben der Sedimente aus den Flüssen. Im Kune-Vain-Delta des Drin ist die Erosion aber besonders stark, seit sich die Mündung des Flusses vom Meer in die Bojana-Buna verlagert hat. Hinzu kommt die Zerstörung der Ufervegetation durch Tourismus und Übernutzung.

Bild: U. Zeidler

Letzte Reste der Urwälder auf der Kune-Insel (B28).

Berühmt war die Kune-Insel in den 50er Jahren des vorigen Jahrhunderts wegen ihrer großen gemischten Reiherkolonie mit 2.000 - 2.600 Brutpaaren. Der Wald gewährte einen sicheren Brutplatz und die Nahrungsgebiete boten reichlich Futter für eine große Zahl verschiedener Wasservögel. Aber in den vergangenen zehn Jahren wurden die Störungen durch Vogeljagd und Tourismus leider zu groß. Die Vegetation ist immer noch sehr interessant. Die Krautschicht besteht aus Blutweiderich (Lythrum salicaria), Spitzblättrigem oder Wildem Spargel (Asparagus acutifolius) und Strausgras (Agrostis stolonifera). Verschiedene Orchideen blühen auf den kargen Sandböden, so etwa das Wanzen-Knabenkraut (Orchis coriophora) und das Rote Waldvögelein (Cephalantera rubra). Zwergtaucher und kleine Rallen verstecken sich in den unzugänglichen Wasserarmen.

Eine kleine Brücke führt aus dem Norden von Shengjin über den Strand zur Insel. Besucher sollten beachten, dass die Insel entsprechend eines mit Hilfe der Weltbank erarbeiteten Managementplans eine streng geschützte Zone ist. Es ist zu hoffen, dass sich nicht nur die von sich aus einsichtigen Naturfreunde unter den Touristen daran halten, sondern vor allem auch, dass Albanien die im Plan vorgesehenen Maßnahmen bald in die Praxis umsetzt und das nachhaltige Nutzungs- und Tourismuskonzept für dieses extrem wichtige Rast- und Brutgebiet an der Adriaküste einhält.

Bild: U. Zeidler

Wanzenknabenkraut (Orchis coriophora) auf der Kune-Insel.

Zwei Zugänge zu den Vogellebensräumen

Obwohl die Wasser des Drin nach der Verlagerung seiner Mündung nun in die Bojana-Buna fließen, wird sein einstiges Delta immer noch Drin-Delta genannt. Wie oben beschrieben, teilte der Fluss es in eine nördliche und südliche Lagune. Der nördliche Teil ist berühmt für seinen langen Strand bei Shengjin; man erreicht ihn von der Hauptstraße von Tirana her, kurz vor Lezha in Richtung Norden. Man folgt dem Karsthügel, der sich nach Norden in Richtung Bojana-Buna-Delta erstreckt, und biegt dann nach etwa 1,5 km zum Meer ab. Nach Shengjin wird das steile Felsufer völlig unzugänglich und bildet hier eine für die Adriaküste einzigartige Naturkulisse (siehe Bojana-Buna-Delta, Bax-Rrjolli). Am Ufer entlang führt ein schmaler Weg wieder nach Süden bis zu dem als Kernzone des Reservats geschützten Waldgebiet an der Mündung (Kune-Insel, **B28**). Der Strand wird leider intensiv touristisch genutzt. Zum Beobachten eignen sich vor allem die Dämme an der Landseite der Lagune, wo die Schutzgebietsgrenze verläuft.

Zur südlichen Lagune führt ein 2,5 km langer Weg auf der linken Seite des ehemaligen Drin in Richtung Meer. Er beginnt am Kreisverkehr auf der Hauptstraße vor Lezha. Der Zugang zum Schutzgebiet ist bewacht; ein kleines Eintrittsgeld wird erhoben. Man darf auch mit dem Auto weiter bis an den Strand oder auf dem Damm um die Lagune fahren (**B27**).

Patok-Lagune (Patok Lagoon)

Die Rodoni-Bucht zieht sich von der Mündung des historischen Drin bei Lehza im Norden bis an die Spitze des Kap Rodoni im Süden. Der größere Teil der Bucht gehört zum Bezirk Laçi und zwei Kilometer im Süden bereits zur Hafenstadt Durres (Durrësi). Die Patok-Lagune liegt auf dem Gebiet der Gemeinde Fushe-Kuqe. Fünf Dörfer sind um das Feuchtgebiet gruppiert: Adriatic, Patok, Gorre, Gurrez und Fushe-Kuqe.

Noch heute ist die Küste in Bewegung, und die Dynamik verändert die Dünen und Strände. Durch Erosion und fehlende Sedimente aus den Zuflüssen ist besonders die Patok-Lagune betroffen: das Meer hat dort die Nehrung bereits durchbrochen, und ein Feriendorf ist in den Wellen verschwunden. Vor der Mündung des Mati-Flusses, der immer noch genug Sedimente bringt, ist dagegen eine neue Insel entstanden. An der Mündung des Ishëm südlich des Kap Rodin findet man noch heute Brackwasserlagunen mit Salzmarschen, die durch eine Sandbank vom Meer getrennt sind.

Die Lagune und die Bucht des Mati-Deltas sind mit ihren Neptungras-Wiesen (Posidonia oceanica) ein wichtiges Nahrungsgebiet für Meeresschildkröten. Begehrte Beute der Fischer sind - neben den Fischen - Furchenkrebse (Penaeus kerathurus), die bei Feinschmeckern besser unter dem Namen Gamburi oder Crevetten bekannt sind. Zahlreiche Salzpflanzen, aber auch Schilf wachsen im Brackwasser. Das speziell geschützte und von einem Wald aus Erlen, Eschen, Weißpappeln und Eichen bedeckte Gebiet umfasst 800 ha. Wie an vielen Stellen der Küste wurden auch hier Aleppo-Kiefern gepflanzt. Die überschwemmten Salzwiesen sind ideale Wasservogelrastplätze.

Bild: Symbiosis / H. Göthel

Unechte Karettschildkröte.

Zur nur acht Kilometer von der Nationalstraße entfernt liegenden Patok-Lagune biegt man auf der Hauptstraße von Shkodra nach Tirana, etwa 45 km vor Shkodra an einer Kreuzung in Richtung der Stadt Laçir, nach Westen ab. Der Damm durch die Lagune reicht bis zum Sandstrand. Auf zwei weiteren um die Lagune führenden Straßen erreicht man das Fushe-Kuqe-Reservat und die Mündung des Droja. Zu den Mündungen von Ishmi und Droja und die Feuchtgebiete zwischen beiden Flüssen (Negli Marsch und Godulla) gelangt man über eine Landstraße durch die Dörfer Shllenza oder Adriatiku.

Zum Cap Rodoni, dem Ishmi-Delta und der Patok-Lagune kommt man auch über eine Landstraße, die von der Hauptstraße Tirana und Durresi abzweigt und durch die Orte Maminasi, Hamallaj, Lalzi und Draçi zum Cap Rodoni führt, bzw. über Lalzi und Likmetaj zur Ishmi-Mündung.

Bilder: S. Beqiraj

Patok-Lagune.

Karavastas-Lagune und Divjaka-Nationalpark

Das wegen der Pelikankolonie berühmte Karavastas-Gebiet liegt zwischen den Mündungen der Flüsse Shkumbin und Seman. Es gehört zum Nationalpark Divjaka (albanisch Pisha e Divjakës). Der Name deutet auf die ehemaligen alten Kiefernwälder hin, die aber durch mehrere Brände in den vergangenen Jahren - auch im Rahmen der nationalen Unruhen 1997 - dezimiert wurden. Eine alte Aleppo-Kiefer mit über 400 Jahren und einem Umfang von sechs Metern lässt ahnen, wie mächtige Urwälder am Mittelmeer aussehen könnten. Auch hier wurde in den vergangenen Jahrzehnten aufgeforstet - allerdings mit Pinien (Pinus pinea). Das Zentrum des Schutzgebietes ist der Wald, der auch Grund für die Unterschutzstellung als Nationalpark im Jahr 1966 war; 2007 erfolgte dann noch eine Erweiterung auf nun 22.230 ha. Seit 1994 steht es als Ramsar-Gebiet auch unter internationalem Schutz. Nachhaltige traditionelle Nutzung ist aber erlaubt. Das betrifft vor allem Fischerei und Weidewirtschaft. Das albanische Umweltministerium, vertreten durch die Forstverwaltung in Lushnja, ist für den Nationalpark Karavasta-Divjaka verantwortlich.

Für Ornithologen sind die Wälder besonders interessant: beispielsweise gehören Ziegenmelker und Blutspecht zu den Brutvögeln. Herausragend ist die Bedeutung des Nationalparks aber vor allem wegen der Feuchtflächen. Die Lagune von Karavasta mit der Küstenlandschaft umfasst 45 km^2 und ist damit heute die größte an der Adriaküste, da zahlreiche ähnliche Gebiete, wie sie etwa das Neretva-Delta einst aufzuweisen hatte, zerstört wurden. Typisch ist die geringe Wassertiefe von nur etwas über einem Meter (maximal 1,5 m, durchschnittlich 0,7 m). Entstanden ist die Lagune durch eine zehn Kilometer lange, durch Wind, Wellen und die Sedimente aus den Flüssen geschaffene Nehrung.

Die hohe Produktion der Lagune beweisen die beachtlichen Fischereierträge: bis zu 100 Tonnen Fisch pro Jahr werden hier von den lokalen Fischern vermarktet. Der Aal ist dabei die wichtigste Art, gefolgt von der Großkopfmeeräsche (Mugil cephalus).

Beeindruckend sind die alten Wälder direkt an der Karavastas-Lagune.

Bild: M. Schneider-Jacoby

Insbesondere auch für die Vogelwelt sind solche Lebensräume ideal. Doch - obwohl als Nationalpark geschützt - gibt es auch hier immer wieder Berichte über Wilderei. Trotzdem ist die Lagune nach wie vor ein wichtiger Wasservogelrastplatz, an dem in den 90er Jahren des vergangenen Jahrhunderts noch 40.000 bis 60.000 Vögel gezählt wurden. Insbesondere Pfeifenten, Löffelenten und Krickenten finden hier hervorragende Bedingungen, weil sie im seichten Wasser und auf den Salzwiesen sehr gut nach Nahrung suchen können. Außerdem produzieren Salzpflanzen wie der Queller reichlich Samen - eine hervorragende Nahrungsquelle für hungrige Wintergäste. Viele Wasservögel wie Säbelschnäbler, Flamingos oder Löffler suchen auf dem Zug ausschließlich seichte Schlickflächen zur Rast auf. Früher hat auch die Rotflügel-Brachschwalbe noch hier gebrütet.

Die besondere Attraktion in der Lagune ist die Kolonie des Krauskopfpelikans, die einen sicheren Brutplatz auf einer künstlich angelegten Insel hat. Bis über 100 Pelikane halten sich in der Lagune auf. Dank hoher Strafen und jahrelanger Öffentlichkeitsarbeit der albanischen Vogelschützer wird diese Art von den Wilderern inzwischen verschont.

Bild: P. Sackl

Karavastas-Lagune mit Krauskopfpelikanen.

Während einer Regenfront rasten drei Rötel-, drei Ufer- und zwei Rauchschwalben auf einer Leitung.

Bild: P. Sackl

Die Zufahrt zum Nationalpark führt aus dem Ort Divjaka (oder Divjakë) nach Westen durch die Salzwiesen in das Waldgebiet. Eine Wanderung entlang dem Strand nach Süden verschafft einen guten Einblick in die Küstenlandschaft. Auch wenn man der Straße durch Divjaka nach Süden in die kleinen Dörfer folgt, sieht man im Westen die große Lagune. Übernachtungsmöglichkeiten gibt es in dem Waldgebiet im Nationalpark, aber auch im Ort selber. Im Sommer ist die Gegend überlaufen von Badegästen.

Die Straße zur Lagune beginnt in Lushnja, einer kleinen Stadt, die nach Süden hin mit Durresi, Tirana and Vlora gut verbunden ist. Von der Nationalstraße Lushnja – Rrogozhina biegt die Straße nach Divjaka im Ort Cerma ab. Es existiert auch ein öffentlicher Nahverkehr mit Omnibus und Minibus von Lushnja nach Divjaka (14 km), zum Strand und ins Schutzgebiet. Am Strand in Divjaka bieten neue und alte Gästehäuser traditionelles Essen und Übernachtungsmöglichkeiten an - auch außerhalb der überfüllten Tourismussaison.

Weitere Möglichkeiten, das Karavasta–Divjaka-Gebiet und den nördlichen Teil des Semani-Deltas zu erreichen, hat man über lokale Straßen, die ab der Kreuzung in Shoferi von der Nationalstraße Fieri-Lushnja abzweigen.

Narta-Lagune und Vjosa-Delta

Die Narta-Lagune bildet den südlichen Teil des Vjosa-Deltas. Der Vjosa war bis vor Kurzem noch mit seinem über 200 km langen Flusslauf ohne Staudamm einer der längsten natürlichen Flüsse Europas. Sein südliches Delta, benannt nach der Saline und dem Ort Narta, erstreckt sich von der Mündung bis ans Kap Triport. In der weiten, aus den Flussablagerungen geschaffenen Küstenebene liegen die Dörfer Bishan, Novosela, Cerkovina, Panaja und Narta.

42 km^2 umfasst die Narta-Lagune, und 15,4 km^2 davon werden zur Salzgewinnung genutzt. Nur etwa einen Meter tief ist das Wasser. Dünen, die Kiefernwälder bei Pishë und Poro-Vlorë wechseln sich mit zahlreichen kleineren Marschen und den offenen Wasserflächen ab. Die Lagune mit der Saline ist ein bedeutender Nahrungsplatz für die Krauskopfpelikane der Region, und während des Winters halten sich hier knapp 10.000 Wasservögel auf. Auch Watvögeln bietet die Saline günstige Bedingungen. Noch in den 90er Jahren haben britische Ornithologen vier Weisskopfruderenten (Oxyura leucocephala) gesehen.

Bild: S. Beqiraj

Traditionelle Fischreusen am Zufluss zur Narta-Lagune.

Vlora ist eine Küstenstadt mit 120.000 Einwohnern am Übergang zwischen Adria und Ionischem Meer. Von hier, an der Straße von Otranto, sind es nur 72 km nach Italien - ein Katzensprung für die Zugvögel. Gute Fährverbindungen bestehen nach Italien (Brindisi und Bari) und Griechenland (Igumenitsa und Korfu). Auch über Bus- und Bahnverbindungen ist Vlora gut vernetzt. Durch die weiten Olivenhaine, die Feuchtgebiete Narta und Orliki sowie den Nationalpark Llogara mit der Karaburun-Halbinsel böte die Umgebung von Vlora ideale Voraussetzungen für ein Biosphärenreservat.

Zur Narta-Lagune mit den Dajlani-Kap-Marschen und den Dünen biegt man im Dorf Akerni von der Nationalstraße Fieri - Vlora ab; von dort aus geht es dann auf der Landstraße in Richtung Küste weiter. Um das Vjosa-Delta mit seinem Poro-Wald und den Altarmen zu erreichen, biegt man von der Nationalstraße Fieri - Vlora im Dorf Mifoli gleich hinter der Brücke über den Vjosa ab und folgt dann den Landstraßen nach Miho und dem Dorf Poro.

Aus Richtung Vlora gelangt man zu der 14 km weiter nördlich liegenden Narta-Lagune, indem man die Landstraße durch den Wald in Vlora-Soda und in Richtung Hafen Triporti in das Dorf Zvernec nimmt. Dort reicht der Blick weit über die Lagune. Von Vlora durch den Ort Narta gelangt man nach Mezini Pus und auf die Insel Zvernec mit dem Kloster, einem Byzantinischen Baudenkmal aus dem 10. Jahrhundert. Das Kap mit seinen pittoresken Felsen, den Inseln, der Brücke zum Kloster und dem alten Zypressenhain (Cupressum sempervirens) lädt zum Verweilen und zur Naturbeobachtung ein.

Bild: S. Beqiraj

Eine Brücke führt über die Narta-Lagune zum Kloster Zvernec.

Orikum-Lagune

Den südlichsten Teil der Adria bildet die Karaburun-Halbinsel mit der Orikum-Lagune; sie liegt zwischen dem Militärstützpunkt Pasha Liman im Westen und dem Ort Orikum südlich von Vlora. Die 1,3 km^2 große Lagune ist eingebettet in die einen Quadratkilometer große Ebene, die der Dukati-Fluss zwischen den Bergen am Meer aufgefüllt hat. Bis drei Meter tief ist hier das Wasser, das nur über einen 50 m langen Kanal zwischen Lagune und Meer zirkuliert. Hier bieten Fische und Krebse rastenden Reihern wichtige Nahrung. Beobachten lassen sich die Vögel am Besten von der kleinen Uferstraße aus, die zwischen Strand und Lagune zu den Militärbauten führt. Auch zum Baden ist die Bucht gut geeignet.

Die Stadt Orikum war Jahrhunderte lang ein wichtiger Handelsort; bereits seit dem 3. Jahrhundert v. Chr. wird sie erwähnt. Im Osmanischen Reich befand sich hier auch der Sitz des Pascha. Das kleine, antike Amphitheater am Ende der Lagune kündet noch von den großen Zeiten der uralten Stadt. Erreichen kann man die 20 km südlich von Vlora gelegene Orikum-Lagune (auch Dukati-Lagune genannt) über die Nationalstraße nach Saranda (Ionische Riviera). Fährt man auf der Nationalstraße weiter, kommt man zu einem Pass, der über die Halbinsel Karaburun und die Wasserscheide zum Ionischen Meer führt.

Ein Blick vom Llogara-Nationalpark über den Bergsattel lohnt sich: oben malerische, uralte Kiefern und unten das weite Meer. Bis auf über 1.900 m steigen hier die Küstengebirge an, während sich das Geröll aus den Bergen unten ins Meer schiebt. Wer Zeit dazu hat, kann auch an der Küste entlang weiterfahren und die schönen Feuchtgebiete im Süden Albaniens besuchen. Besonders empfehlenswert ist das Butrinti-Gebiet bei Ksamila an der Grenze zu Griechenland. Leider können die schönen Gebiete südlich der ostadriatischen Küste in diesem Buch nicht mehr vorgestellt werden.

Hilfreiche Links im Internet

Informationen über EuroNatur
http://www.euronatur.org

Adriatic Flyway – Adriazugroute
http://www.euronatur.org/Zugvoegel-aktuell.787.0.html
http://www.euronatur.org/fileadmin/docs/jagd/ADRIATIC_FLYWAY_2009_Conference_Proceedings.pdf

Albanien

National Tourism Agency of Albania
http://www.albaniantourism.com/

Feuchtgebiete an der Küste Albaniens (Texte und Karten in English):
http://dida.itc.cnr.it/zoneumide/?cat=37& =en

Albanieninformationen
http://www.albanien.ch/albinfo

Skutari-See und Bojana-Buna-Delta
http://www.euronatur.org/Bojana-Buna-Delta-und-Skutari-Se.1091.0.html

Bosnien und Herzegowina

Tourimusinformationen Bosnien und Herzegowina
Webseite: http://www.bhtourism.ba/ger/

Vogelschutzorganisation „Unsere Vögel"
http://www.ptice.ba/index.php?lang=en

Livanjsko Polje
http://www.euronatur.org/Livanjsko-Polje.1056.0.html

Naturpark Hutovo Blato
Webseite: http://www.hutovo-blato.ba

Neretva-Delta
http://www.euronatur.org/Neretva-Delta.1057.0.html

Vjetrenica-Höhle
Webseite: http://www.vjetrenica.com/?switch_en=1

Kroatien

Kroatische Zentrale für Tourismus
Webseite: http://croatia.hr/de-DE/Homepage

Kroatische Gesellschaft für Natur und Vogelschutz
Webseite: http://www.ptice.hr/

Kroatisches Naturschutzamt / Schutzgebiete
http://www.dzzp.hr/eng/korisni-linkovi/

Delfinschutz "Blue-World"
Webseite: http://www.blue-world.org/en/about-us/

Delfinschutzzentrum in Veli Lošinj
Webseite: http://www.blue-world.org/en/location/

Wanderung Cres - Lošinj
http://www.insel-losinj.de/de/wanderung_osorscica_insel_losinj.php

Geierschutzzentrum Beli, Cres
http://www.supovi.hr/english/

Biserujka-Höhle auf Krk, Kroatien
http://www.isola-di-krk.net/croatia/biserujka_cave.html
http://www.tz-njivice-omisalj.hr/Page_Njivice-Sehenswürdigkeiten_3_3.aspx#1

Naturpark Ucka
www.pp-ucka.hr

Cerovac-Höhle (Cerovačke špilje) im Velebit-Naturpark
http://www.pp-velebit.hr/turponuda.php?p=22

Naturpark Vransko Jezero
http://vransko-jezero.hr/cms/en/homepage

Nationalpark Paklenica
http://www.paklenica.hr/Paklenica_en/index_en.html

Naturpark Lastovo
www.pp-lastovo.hr im Moment nur in kroatischer Sprache
Email: info@pp-lastovo.hr

Ornithologische Sammlung Metkovic
http://www.metkovic.hr/ornitoloska (nur Kroatisch)

Saline Ston
http://www.solanaston.hr/

Montenegro

Montenegrisches Zentrum für Vogelforschung und- schutz (CZIP):
http://www.birdwatchingmn.org/

Nationale Tourismusorganisation von Montenegro
http://www.montenegro.travel/index_de.html

Nationalpark Skutari-See und Bojana-Buna-Delta
http://www.euronatur.org/Bojana-Buna-Delta-und-Skutari-Se.1091.0.html

Tivat Solila
http://siba-ese.unisalento.it/index.php/traterraemare2/article/download/10782/9955

Buljarica (Montenegrinisch & Englisch)
http://siba-ese.unisalento.it/index.php/traterraemare2/article/download/10783/9956

Solana Ulcinj (Montenegrinisch & Englisch)
http://siba-ese.unisalento.it/index.php/traterraemare2/article/download/10784/9957

Saline Ulcinj Managmentplan
http://www.landesmuseum.at/pdf_frei_remote/JoanZoo_10_0005-0084.pdf

Slowenien

Slowenischer Vogelschutz DOPPS BirdLife Slovenia
http://www.ptice.si/

Slowenisches Tourismus-Informationsportal
http://www.slovenia.info/?lng=3

Škocjanski Zatok
http://www.skocjanski-zatok.org/index_en.php

Höhle Škocjanske jame, Slowenien
http://www.park-skocjanske-jame.si/

Landschaftspark Strunjan, Portorož
www.parkstrunjan.si

Landschaftspark Sečoveljske Soline
www.kpss.si

Allgemeine Informationen zum Reiseführer

Im Kapitel „Reiseinformationen" finden Sie Kartenskizzen zum Neretva-Delta (S. 176 / 177), zum Livanjsko Polje (S. 194 /195), zum Skutari-See (S. 218 / 219) und zum Bojana-Buna-Delta (S. 230/231).

In den Skizzen sind u.a gute Aussichts/Vogelbeobachtungsplätze markiert, auf die wir jeweils in den nachfolgenden Beschreibungen und Bildlegenden anhand der entsprechenden in den Skizzen gegebenen Buchstaben/Ordnungszahlen hinweisen.

N1 - N33 = Neretva-Delta
L1 - L18 = Livanjsko Polje
S1 - S37 = Skutari-See
B1 - B28 = Bojana-Buna-Delta

Artenverzeichnis

Pflanzen

Amphibien

Fische

Insekten

Reptilien

Säugetiere

Vögel

Schlagwortregister

Ortsverzeichnis

Literaturverzeichnis

Attenborough, D. (1988): Das Erste Eden...oder das verschenkte Paradies (The First Eden). Interbook Verlagsgesellschaft, Hamburg.

Ballif, P. (1896): Wasserbauten in Bosnien und Herzegowina. I. Teil Meliorationsarbeiten und Cisternen im Karstgebiete. Bosn.-Herceg. Landesregierung, Wien.

Bergbauer, M. & B. Humberg (1999): Was lebt im Mittelmeer? Ein Bestimmungsbuch für Taucher und Schnorchler. Franckh-Komos Verlags-GmbH & Co.KG, Suttgart.

Blondel, J. & Aronson J. (2005): Biology and Wildlife of the Mediterranean Region. Oxford University Press.

Božičević, S. (1992): Fenomen krš. Školska knjiga, Zagreb.

Bruderer, B. and Liechti, F. (1999): Bird migration across the Mediterranean. In: Adams, N. and Slotow, R. (eds): Proc. Int. Ornithol. Congr., Durban: 1983-1999. BirdLife South Africa, Johannesburg.

Denac D., Schneider-Jacoby M., Stumberger B. (2010): Adriatic Flyway – Closing the Gap in Bird Conservation. EuroNatur, Radolfzell.

Gruber, U. (2009): Die Schlangen Europas. Alle Arten Europas und des Mittelmeerraums. Franckh-Komos Verlags-GmbH & Co.KG, Suttgart.

Karaman, G.S. & Beeton, A.M. (1981): The Bitota and Limnology of Lake Skadar. Titograd.

Kralj J., Radović D., Tutiš. V., Ćiković D. (2007): Migration of central and east European Acrocephalus warblers at the eastern Adriatic coast: an analysis of recoveries. Ring 29 (1-2): 121-131.

Lastovo Islands Nature Park (2009): Tourist-Mountaineering Guidebook. HGSS, Zagreb.

Miho, A., Kashta, L., Beqiraj, S. (2008): Between the Land and the Sea. Ecoguide to discover the transitional waters of Albania. University of Salento, Lecce, Italy. 315 pp.

Reiser, O. (1939): Materialien zu einer Ornis balcanica. I. Bosnien und Herzegowina nebst Teilen von Serbien und Dalmatien (im Anhang eine Liste der Vögel Dalmatiens) und IV Montenegro. Naturhistorisches Museum, Wien.

Reiser, O. & von Führer L. (1986): Materialien zur einer Ornis balcanica. IV. Montenegro. Carl Gehrold`s Sohn, Wien.

Ritter-Studnicka, H. (1972): Neue Pflanzengesellschaften aus den Karstfeldern Bosniens und Hercegovina. Bot. Jahrb. Syst. 92 (1):108-154.

Sackl, P., Schneider-Jacoby, M, und Stumberger, B. (2006): The importance of the Tivat Salina (Montenegro) for migrating and wintering waterbirds, including some notes on Passerines. Annales Ser. hist. nat. 16 (2): 1-12.

Saveljić, D. (2008): Tra terra e mare: Eco-guide to the lagoon ecosystems of Montenegro. Pp.54-77 University of Salento. Lecce, Italy, 122 pg. http://siba-ese.unisalento.it/index.php/traterraemare2/issue/view/989

Saveljić, D., Dubak, N, Vizi, A., Jovićević, M. (Eds.) (2007): Important Bird Areas in Montenegro. Center for Protection and Research of Birds of Montenegro. Monography of CZIP No. 1. Buljarica: pp 20-21 Podgorica

Schönfelder, P. & I. (2005): Was blüht am Mittelmeer? Franckh-Komos Verlags-GmbH & Co.KG, Suttgart.

Schönfelder, P. & I. (2008): Die neue Kosmos-Mittelmeerflora. Franckh-Komos Verlags-GmbH & Co.KG, Suttgart.

Schneider-Jacoby, M. & Spangenberg, A. (2010): Bird Hunting along the Adriatic Flyway - an Assessment of Bird Hunting in Albania, Bosnia-Herzegovina, Croatia, Montenegro, Slovenia and Serbia. – In: Denac D., Schneider-Jacoby M., Stumbergr B. (eds.). Adriatic Flyway – closing teh gap in bird copnservation. EuroNatur, Radolfzell. pp 32-51.", March 2009. (http://www.euronatur.org/Facts-and-Figures.936.0.html)

Schneider-Jacoby, M., Rubinić, B., Sackl, P. & Stumberger B. (2006): A preliminary assessment of the ornithological importance of Livanjsko Polje (Cetina River Basin, Bosnia and Herzegovina). Acrocephalus 27 (128-129): 45-57.

Schneider-Jacoby, M., Schwarz, U., Sackl, P., Dhora, D., Saveljić, D., and B. Stumberger (2006): Rapid assessment of the Ecological Value of the Bojana-Buna Delta (Albania / Montenegro). Euronatur, Radolfzell. http://www.euronatur.org/Publications.411.0.html

Schneider-Jacoby M., Dhora d., Sackl P., Schwarz U., Saveljić D. & Stumberger B. (2006): The Bojana-Buna Delta berween Albania, and Serbia and Montenegro. In Terry A., Ullrich K. & Riecken U. (eds.). The Green Belt of Europe: From Vision to Reality. IUCN Gland, Switzerland and Cambridge, UK. pp 121-132.

Stipčević, M. (1997): A survey of spring wader migration on the wetlands of the island of Pag, Croatia (March-May 1990-1991). Wader Study Group Bull. 84: 26-32.

Stumberger B., Sackl P., Saveljic D. & Schneider-Jacoby M. (2008): Management Plan for Conservation and Suitable Use of the Natural Values of the Privately Owned Nature Park „Solana Ulcinj", Montenegro. Joannea-Zoologie 10: 1-84.

Widmer, M. (2006): Die Grasmücken – Schöne Augen, hinreissender Gesang. Schweizer Vogelschutz SVS/BirdLife Schweiz, Ornis 3/06: 4 – 9.

Willinger, G. & Stumberger, B., (2009): Lebensräume für Zugvögel verschwinden zusehends. EuroNatur 3: 12-15.

Zwarts, L., Bijlsma, R.G., van der Kamp, J. & Wymenga, E. (2009): Living at the Edge. KNNV Publishing, Zeist. 564 pp., NL.

EuroNatur dankt allen Unterstützern, welche die Arbeit für den Schutz der Natur an der östlichen Adriaküste möglich gemacht haben:

- allen Spendern, Förderern, Paten und Sponsoren von EuroNatur
- Deutsche Gesellschaft für internationale Zusammenarbeit (GIZ)
- Deutsche Lufthansa, Umweltförderung
- Ludwig-Raue-Gedächtnisstiftung
- MAVA-Stiftung

Bild: G. Schwaderer

Die Autoren Borut Stumberger und Martin Schneider-Jacoby im Gespräch mit Luc Hoffmann und seiner Tochter Vera Michalski-Hoffmann von der MAVA-Stiftung, die das Projekt Adriatic Flyway entscheidend gefördert hat.

Die gemeinnützige Stiftung EuroNatur setzt sich seit ihrer Gründung im Jahr 1987 für den Schutz der Zugvögel ein. Neben zahlreichen, erfolgreichen Projekten entlang der westlichen Zugroute über Frankreich, Spanien und Gibraltar sowie an der östlichen Zugroute über den Bosporus und weiter in den Nahen Osten hat sich EuroNatur seit der Jahrtausendwende auch sehr intensiv mit der Vogelzugroute entlang der östlichen Adriaküste befasst. Mit umfassenden Grundlagenarbeiten wurde die große und bisher weitgehend unterschätzte Bedeutung des Adriatic Flyway für das eurasisch-afrikanische Zugvogelsystem dokumentiert. EuroNatur setzt sich nun gemeinsam mit lokalen Partnerorganisationen dafür ein, dass die wichtigsten Feuchtgebiete als bedeutende Zugvogelrastplätze an der westlichen Adriaküste dauerhaft geschützt werden. Erste Erfolge wurden erreicht, aber es mussten auch zahlreiche Rückschläge verkraftet werden. Neben dem Flächenschutz ist das bedeutendste Ziel von EuroNatur die Bekämpfung der Vogeljagd. Insbesondere entlang der Adria-Ostküste wird während des Vogelzugs an vielen Abschnitten auf fast alles geschossen, was fliegen kann. EuroNatur prangert diese dramatischen Missstände an und wirkt darauf ein, dass die zuständigen Behörden für Abhilfe sorgen.

EuroNatur geht es immer auch darum, Menschen und Natur miteinander zu verbinden. Gemeinsam mit privaten und amtlichen Naturschützern sowie der Bevölkerung vor Ort werden Wege gesucht, die es ermöglichen, das bedeutende europäische Naturerbe zu schützen und gleichzeitig den Menschen in diesen Landschaften eine zukunftsfähige wirtschaftliche Perspektive aufzuzeigen.

Spenden helfen, das wertvolle europäische Naturerbe entlang der östlichen Adriaküste zu bewahren. Leisten auch Sie mit Ihrer Spende einen Beitrag, damit die Stiftung EuroNatur und ihre Partner vor Ort weiter erfolgreich arbeiten können! EuroNatur sendet Ihnen auf Wunsch gerne ausführliche Informationen über die Aktivitäten zur Erhaltung des europäischen Naturerbes zu.

Prespa-Ohrid-Seenregion

Die Wiederentdeckung einer vergessenen Ecke Europas

Sollte es in unserem dicht besiedelten Europa tatsächlich noch eine vergessene Ecke geben? Nun ja, wirklich vergessen ist die geschichtsträchtige und landschaftlich so reizvolle Region auf dem südlichen Balkan, durch die sich die Ländergrenzen zwischen Mazedonien, Albanien und Griechenland hinziehen, zwar nicht. Aber hatten schon die hohen Bergketten und häufigen Stammesfehden in früheren Jahrhunderten das Reisen erschwert, so sorgten politische Verbohrtheit und Misstrauen vollends für strenge Isolation, als verfeindete Staaten lebensgefährliche Barrieren errichteten, um bis in die 1990er Jahre hinein jeglichen Austausch über die Grenzen hinweg zu verhindern. Deshalb wagten lange Zeit auch nur Wenige, die Gegend zu bereisen, noch weniger wurde darüber geschrieben.

Inzwischen aber hat der politische Wandel die Region aus dem Dornröschenschlaf befreit. Die Grenzen sind offen, die Straßen sicher geworden. Begeisternd schöne Landschaften voll reizvoller Gegensätze und kostbarer Naturschätze harren nun der Wiederentdeckung. Der vorliegende Naturreiseführer bietet mit informativen Beschreibungen und ansprechender Bebilderung die Möglichkeit dazu - auch all jenen, die nur in Gedanken reisen möchten. Wer sich aber trotz manchem Mangel an Komfort in dem touristisch noch wenig erschlossenen Gebiet gern selbst auf den Weg machen will, dem ist das Buch im praktischen Taschenformat ein wertvoller und zuverlässiger Begleiter.

10 farbige Übersichtskarten und Diagramme - mehr als 190 Farbfotos - umfassende Tipps für Individualreisende - wichtige reisepraktische Hinweise - fundierte Hintergrundinformationen.

13 x 19 cm, 256 Seiten, 100% Recyclingpapier — **24,80 Euro**

ISBN 978-3-00-027579-1

Notizen

Übersichtskarte Adria-Ostküste

Slowenien

1 Škocjanski Zatok (Koper)
2 Die letzte Düne der Bucht von Koper - Zaliv Polje
3 Istriens vergessenes Karstfeld
4 Landschaftspark und Saline Strunjan (Strunjanske soline)
5 Naturpark Sečoveljske Soline

Kroatien

6 Das Kvarner Archipel
7 Nationalpark Paklenica – Eingang zum Velebit
8 Insel Pag: Velo und Malo Blato, Kolansko Blato und Solana Pag
9 Naturpark Vransko Jezero
10 Naturpark Lastovo – Park prirode Lastovsko otočje
11 Cetina-Quelle und -Tal
12 Neretva-Delta
13 Solana Ston mit Halbinsel Pelješac

Bosnien und Herzegowina

14 Naturpark Hutovo Blato (Neretva-Delta)
15 Popovo Polje
16 Mostarsko Blato
17 Livanjsko Polje

Montenegro

18 Solila Tivat bei Kotor
19 Buljarica-Bucht
20 Bojana-Delta mit Solana Ulcinj
21 Europas subtropischer See – der Skutari-See

Albanien

22 Skutari-See mit Steinsteppe
23 Bojana-Buna-Delta mit Velipoja-Reservat
24 Drin Delta - Kune-Vain-Schutzgebiet
25 Patok Lagoon
26 Karavastas Lagune und Divjaka-Nationalpark
27 Narta-Lagune und Vjosa-Delta
28 Orikum-Lagune

Karte Adria-Ostküste